全国高职高专测绘类专业通用教材

测量平差实训指导书

Training Guide for Survey Adjustment

聂俊兵 主编

测绘出版社

·北京·

内 容 简 介

“测量平差”是测绘类专业中一门重要的技术基础课,不仅是进一步学习控制测量、GPS卫星导航定位技术、工程测量等专业课程的理论基础,也是编写控制网设计书及进行工程精度估算与评定的技能基础。

本实训指导书包括两部分。第一部分是针对“全国高职高专测绘类专业通用教材”系列中的《测量平差》一书编写的,按照原章节的安排,进行了知识点汇编,并给出了技能测试及其详细的解答。第二部分是综合技能实训,包括填空题、选择题、判断题、计算题,每道题也都给出了解算过程和答案。

本书主要作为测量平差课程教学的配套教材,适用于高职高专测绘类专业的测量平差课程实训教学,也可供相关专业的工程技术人员学习参考。

图书在版编目(CIP)数据

测量平差实训指导书 / 聂俊兵主编. —北京:测绘出版社, 2011.4(2021.6 重印)
全国高职高专测绘类专业通用教材
ISBN 978-7-5030-2052-0

Ⅰ. ①测…　Ⅱ. ①聂…　Ⅲ. ①测量平差—高等职业教育—教学参考资料　Ⅳ. ①P207

中国版本图书馆 CIP 数据核字(2011)第 054472 号

责任编辑 万茜婷　**封面设计** 李　伟　**责任校对** 董玉珍　李　艳　**责任印制** 吴　芸

出版发行	测绘出版社	**电　　话**	010－68580735(发行部)
地　　址	北京市西城区三里河路 50 号		010－68531363(编辑部)
邮政编码	100045	**网　　址**	www.chinasmp.com
电子信箱	smp@sinomaps.com	**经　　销**	新华书店
成品规格	184mm×260mm	**印　　刷**	北京建筑工业印刷厂
印　　张	7.75	**字　　数**	180 千字
版　　次	2011 年 4 月第 1 版	**印　　次**	2021 年 6 月第 6 次印刷
印　　数	7001－8200	**定　　价**	18.00 元

书　　号 ISBN 978-7-5030-2052-0

参编学校及生产单位

（排名不分先后）

山西交通职业技术学院
山西建筑职业技术学院
天津铁道职业技术学院
无锡水文工程地质勘察院
中国科学院地理所
中国第二冶金建设有限责任公司
甘肃工业职业技术学院
甘肃林业职业技术学院
石家庄铁道学院
石家庄职业技术学院
本溪市桓仁满族自治县国土资源局
包头铁道职业技术学院
辽宁工程技术大学职业技术学院
辽宁地质工程职业学院
辽宁林业职业技术学院
辽宁省交通高等专科学校
辽宁科技学院
扬州环境资源职业技术学院
成都理工大学
江西环境工程职业学院
沈阳农业大学高等职业技术学院
张家口职业技术学院
武汉电力职业技术学院
郑州测绘学校
河北工程技术高等专科学校
河北地质职工大学
河北政法职业学院
河北省制图院
陕西铁路工程职业技术学院
徐州市众望装饰装修监理有限公司
徐州建筑职业技术学院
胶州市规划局
浙江水利水电高等专科学校
黑龙江农业职业技术学院
湖北水利水电职业技术学院
新疆工业高等专科学校

序

当今中国正处于国家信息化大潮之中，国家要通过推进信息化，促进现代化，加速我国经济、社会的发展。正是在国家信息化建设的大背景下促使测绘信息化的发展。国民经济建设和社会可持续发展对诸如时间、空间、属性这类地理空间信息或者说广义测绘信息的需求也在迅速增长。测绘学科和行业在国家信息化和现代化建设中发挥着越来越重要的作用。为了适应国家信息化建设的需求，测绘正开始步入信息化测绘新阶段。由此对测绘人才队伍建设提出了更高的要求。

我国的高等职业教育作为高等教育的重要组成部分，近年来得到了迅速发展，初步形成了适应我国社会主义现代化建设的高等职业教育体系，大大提高了服务社会的能力，也为我们测绘行业培养了大量高素质的技能型测绘专门人才。他们在全国测绘生产、企业部门，形成一支强有力的骨干力量。目前，我国的高职高专教育正处于探索和改革的重要阶段，其主要任务是加强内涵建设，提高教育质量，重点在于提高人才培养质量，因此要努力抓好实践教学和基础课两个课程体系建设，并使两个体系相互交融。通过课程体系、教学内容和教学方法的改革，让专业与职业有效结合，提高学生学习专业与市场需求的吻合度，增强就业竞争能力。因此在我国当前的高职高专教育的教学改革中，以工作过程为导向，突出“工学结合”，融“教、学、做”于一体的教学理念逐渐成为主导。

为了更好地配合高职高专教育教学改革，探索、开发与“工学结合”人才培养模式相适应的高职高专教育测绘类专业课程体系，加快培养能够满足生产、建设、服务和管理第一线需要的测绘类高技能实用人才，测绘出版社组织全国 30 多所高职高专院校中在教学一线工作的骨干教师和生产单位的专家，结合目前测绘技术的最新发展趋势及社会实际生产的技能需求，编写了这一套兼顾通用性与特色、适合高职高专教育测绘类专业的通用教材。

该套教材以高职高专教育教学改革的基本方向和总体要求为指导，从工作岗位和工作任务出发，以培养职业能力为本位，将生产中的实用技术、新技术更多地融入教材内容，很好地使行动导向与理论导向有机地结合，贯彻“工学结合”的编写主旨，表现出体系完整、联系紧密、通用性强、实用性好的特点，既适合高职高专教育测绘类专业教学使用，也可供相关专业工程技术人员学习参考，必将在推动测绘学科建设、促进高职高专教育测绘类专业教学改革和加快测绘高技能实用人才的培养等诸多方面发挥积极的推动作用。

宁津生

教育部高等学校测绘学科教学指导委员会主任

中国测绘学会测绘教育工作委员会主任

中国工程院院士

2009 年 6 月

前　言

本书是根据教育部《关于全面提高高等职业教育教学质量的若干意见》(教高[2006]16号)的文件精神,为配合高职高专教育教学改革,探索、开发与“工学结合”人才培养模式相适应的高职高专教育测绘类专业课程体系,组织全国30多所高职高专院校的骨干教师和生产单位的专家所编写的全国高职高专测绘类专业通用教材之一。

测量平差是测绘类专业的基础课程。要掌握好这门课程,既要加强平差理论知识的学习,更要注重测量数据处理能力的实训,特别是需要通过大量项目实例的计算才能更好地巩固理论基础。本书主要包括一维高程控制网平差实训、二维平面控制网平差实训、三维控制网平差实训和综合计算能力实训等内容。目的是为了提高学生的具体数据处理能力,掌握高程控制网、平面控制网、GPS基线控制网的平差计算方法。

本书由石家庄职业技术学院聂俊兵任主编,辽宁省交通高等专科学校张慧慧、扬州环境资源职业技术学院雷晓霞及辽宁工程技术大学职业技术学院卜丽静任副主编。全书共分7章。第1章由张慧慧编写;第2章由聂俊兵与辽宁科技学院李泽编写;第3章由雷晓霞与河北政法职业学院史素霞编写;第4章由雷晓霞与河北地质职工大学王福增编写;第5章由河北省制图院张淑峰编写;第6章由卜丽静编写;第7章由聂俊兵编写。全书由聂俊兵负责统稿。

感谢各位参编老师的辛勤努力,感谢刘倩、高玉梅所做的细心验算工作,同时对本书所引用的有关资料的作者表示衷心的感谢,在此也一并对其他所有人的关心和支持表示感谢。

书中难免有错误和不当之处,恳切希望使用本教材的师生和广大读者对本书提出宝贵意见。

编　者

2011年1月

目　录

第 1 章　测量误差理论

§1.1　知识点汇编

1. 误差公理

$$测量误差(\Delta)=真值-观测值$$

2. 真误差

当仅含偶然误差时，被观测值（n 维向量 $\boldsymbol{L}$）的数学期望表示该观测值的真值，则有

$$\boldsymbol{\Delta}=E(\boldsymbol{L})-\boldsymbol{L}$$

3. 中误差

根据一组等精度独立真误差计算方差和中误差估值的基本公式为

$$\hat{\sigma}^2=\frac{[\Delta\Delta]}{n},\quad \hat{\sigma}=\sqrt{\frac{[\Delta\Delta]}{n}}$$

4. 极限误差

$$\Delta_{限}=3\sigma$$

5. 相对误差

$$K=\frac{\sigma}{L}=\frac{1}{N}$$

6. 观测向量的精度表示

观测向量 $\boldsymbol{L}$ 的精度一般是用方差矩阵 $\boldsymbol{D}_{LL}$ 表示，其具体形式为

$$\boldsymbol{D}_{LL}==\begin{bmatrix}\sigma_1^2 & \sigma_{12} & \cdots & \sigma_{1n}\\ \sigma_{21} & \sigma_2^2 & \cdots & \sigma_{2n}\\ \vdots & \vdots & & \vdots\\ \sigma_{n1} & \sigma_{n2} & \cdots & \sigma_n^2\end{bmatrix}$$

式中，主对角线上的元素为相应观测量的方差，表示其精度；其余元素为观测值相应的协方差，表示观测量之间的误差相关关系。如果协方差 $\sigma_{xy}=0$，表示这两个（或两组）观测值为独立观测值；如果协方差不为零，则表示这两个（或两组）观测值为相关观测值。

7. 非线性函数的线性化

若Z是观测值 $\underset{n\times 1}{\boldsymbol{X}}$ 的函数，一般形式为

$$Z=f(X_1,X_2,\cdots,X_n)$$

则

$$\mathrm{d}Z=\left(\frac{\partial f}{\partial X_1}\right)_0\mathrm{d}X_1+\left(\frac{\partial f}{\partial X_2}\right)_0\mathrm{d}X_2+\cdots+\left(\frac{\partial f}{\partial X_n}\right)_0\mathrm{d}X_n=\boldsymbol{K}\mathrm{d}\boldsymbol{X}$$

其中

$$\boldsymbol{K}=[k_1\quad k_2\quad\cdots\quad k_n]=\left[(\frac{\partial f}{\partial X_1})_0\quad(\frac{\partial f}{\partial X_2})_0\quad\cdots\quad(\frac{\partial f}{\partial X_n})_0\right]$$

非线性函数的线性化即对非线性函数进行全微分。

8.误差传播律

(1)一般形式为

$$D_{ZZ}=\boldsymbol{K}\boldsymbol{D}_{XX}\boldsymbol{K}^{\mathrm{T}}$$

(2)若有 $\boldsymbol{X}$ 的线性函数为

$$Z=k_1X_1+k_2X_2+\cdots+k_nX_n+k_0$$

则误差传播定律

$$D_{ZZ}=\sigma_Z^2=\boldsymbol{K}\boldsymbol{D}_{XX}\boldsymbol{K}^{\mathrm{T}}$$

D_{ZZ}的纯量形式为

$$D_{ZZ}=\sigma_Z^2=k_1^2\sigma_1^2+k_2^2\sigma_2^2+\cdots+k_n^2\sigma_n^2+2k_1k_2\sigma_{12}+2k_1k_3\sigma_{13}+\cdots+2k_1k_n\sigma_{1n}+\cdots+2k_{n-1}k_n\sigma_{n-1,n}$$

当向量中的各分量 $X_i(i=1,2,\cdots,n)$两两独立时,它们之间的协方差 $\sigma_{ij}=0$,则有

$$D_{ZZ}=\sigma_Z^2=k_1^2\sigma_1^2+k_2^2\sigma_2^2+\cdots+k_n^2\sigma_n^2$$

(3)若有 $\boldsymbol{X}$ 的 t 个线性函数$\underset{t\times1}{\boldsymbol{Z}}=\underset{t\times n}{\boldsymbol{K}}\underset{n\times1}{\boldsymbol{X}}+\underset{t\times1}{\boldsymbol{K}_0}$和 s 个线性函数$\underset{s\times1}{\boldsymbol{W}}=\underset{s\times n}{\boldsymbol{F}}\underset{n\times1}{\boldsymbol{X}}+\underset{s\times1}{\boldsymbol{F}_0}$,则有

$$\underset{t\times t}{\boldsymbol{D}_{ZZ}}=\underset{t\times n}{\boldsymbol{K}}\underset{n\times n}{\boldsymbol{D}_{XX}}\underset{n\times t}{\boldsymbol{K}^{\mathrm{T}}},\quad \underset{s\times s}{\boldsymbol{D}_{WW}}=\underset{s\times n}{\boldsymbol{F}}\underset{n\times n}{\boldsymbol{D}_{XX}}\underset{n\times s}{\boldsymbol{F}^{\mathrm{T}}},\quad \underset{t\times s}{\boldsymbol{D}_{ZW}}=\underset{t\times n}{\boldsymbol{K}}\underset{n\times n}{\boldsymbol{D}_{XX}}\underset{n\times s}{\boldsymbol{F}^{\mathrm{T}}}$$

9.应用协方差传播律的步骤

(1)按要求写出函数式,如

$$Z_i=f_i(X_1,X_2,\cdots,X_n),\quad i=1,2,\cdots,t$$

(2)如果为非线性函数,则对函数式求全微分,得

$$\mathrm{d}Z_i=\left(\frac{\partial f_i}{\partial X_1}\right)_0\mathrm{d}X_1+\left(\frac{\partial f_i}{\partial X_2}\right)_0\mathrm{d}X_2+\cdots+\left(\frac{\partial f_i}{\partial X_n}\right)_0\mathrm{d}X_n,\quad i=1,2,\cdots,t$$

(3)写成矩阵形式

$$\boldsymbol{Z}=\boldsymbol{K}\boldsymbol{X}\quad 或\quad \mathrm{d}\boldsymbol{Z}=\boldsymbol{K}\mathrm{d}\boldsymbol{X}$$

(4)应用协方差传播律求方差或协方差阵。

10.算术平均值的中误差

N 个同精度独立观测值的算术平均值 x 的中误差,等于各观测值的中误差除以$\sqrt{N}$,即

$$\sigma_x=\frac{\sigma}{\sqrt{N}}$$

11.水准测量中计算高差中误差的基本公式

(1)当各测站高差的观测精度相同时,水准测量高差的中误差与测站数的平方根成正比,即

$$\sigma_{h_{AB}}=\sqrt{N}\sigma_{站}$$

(2)当各测站的距离大致相等时,水准测量高差的中误差与距离的平方根成正比,即

$$\sigma_{h_{AB}}=\sqrt{S}\sigma_{公里}$$

12.导线测量中坐标方位角中误差的计算公式

支导线中第 N 条导线边的坐标方位角(α)的中误差,等于各转折角(β)的中误差的$\sqrt{N}$倍,即

$$\sigma_{\alpha_N}=\sqrt{N}\sigma_\beta$$

13. 平面坐标测量中点位方差的计算公式

$$\sigma_P^2=\sigma_S^2+\frac{S^2}{\rho^2}\sigma_\beta^2$$

式中，通常称 σ_S^2 为纵向方差，它是由 BP 边长方差引起的；在 BP 边的垂直方向的方差，即

$$\sigma_u^2=\frac{S^2}{\rho^2}\sigma_\beta^2$$

称为横向方差，它是由 BP 边的坐标方位角的方差引起的。

14. 三角高程测量中高差中误差的计算公式

$$\sigma_h=\sqrt{\tan^2\alpha\sigma_D^2+(\frac{D}{\rho''}\sec^2\alpha)^2\sigma_\alpha^2}$$

其中，D 是两点间的水平距离；α 是垂直角；ρ''用于角度与弧度的换算，以秒为单位。

15. 权的定义

$$p_i=\frac{\sigma_0^2}{\sigma_i^2}$$

观测值的权与其方差成反比。

16. 水准测量的权

(1)当各测站的观测高差是同精度时，各路线的权与测站数成反比，即

$$p_i=\frac{\sigma_0^2}{\sigma_i^2}=\frac{c}{N_i}$$

(2)当每公里观测高差为同精度时，各路线观测高差的权与水准路线的长度成反比，即

$$p_i=\frac{\sigma_0^2}{\sigma_i^2}=\frac{c}{S_i}$$

17. 三角高程测量的权

三角高程测量的权与两点间水平距离的平方成反比，即

$$p_h=\frac{c^2}{D^2}$$

18. 算术平均值的权

由不同次数的同精度观测值所算得的算术平均值，其权与观测次数成正比，即

$$p_i=\frac{\sigma_0^2}{\sigma_i^2}=\frac{N_i}{c},\quad i=1,2,\cdots,n$$

19. 协因数与协因数传播律

协因数公式为

$$Q_i=\frac{\sigma_i^2}{\sigma_0^2}$$

设有观测值向量 $\boldsymbol{X}$ 的线性函数为

$$\begin{cases}\boldsymbol{Z}=\boldsymbol{K}\boldsymbol{X}+\boldsymbol{K}_0\\ \boldsymbol{W}=\boldsymbol{F}\boldsymbol{X}+\boldsymbol{F}_0\end{cases}$$

则有

$$\begin{cases}\boldsymbol{Q}_{ZZ}=\boldsymbol{K}\boldsymbol{Q}_{XX}\boldsymbol{K}^{\mathrm{T}}\\ \boldsymbol{Q}_{WW}=\boldsymbol{F}\boldsymbol{Q}_{XX}\boldsymbol{F}^{\mathrm{T}}\\ \boldsymbol{Q}_{ZW}=\boldsymbol{K}\boldsymbol{Q}_{XX}\boldsymbol{F}^{\mathrm{T}}\\ \boldsymbol{Q}_{WZ}=\boldsymbol{F}\boldsymbol{Q}_{XX}\boldsymbol{K}^{\mathrm{T}}\end{cases}$$

这就是观测值的协因数阵与其线性函数的协因数阵的关系式，通常称为协因数传播律，也称为权逆阵传播律。

20. 权倒数传播律

权倒数传播律即独立观测值的权倒数与其函数的权倒数之间的关系式为

$$Q_{ZZ}=\frac{1}{P_Z}=(\frac{\partial f}{\partial L_1})^2\frac{1}{p_1}+(\frac{\partial f}{\partial L_2})^2\frac{1}{p_2}+\cdots+(\frac{\partial f}{\partial L_n})^2\frac{1}{p_n}$$

21. 菲列罗公式

$$\hat{\sigma}_\beta=\sqrt{\frac{[ww]}{3n}}$$

式中，w 为三角形闭合差。在传统的三角形测量中经常用上式来初步评定测角的精度。

22. 往返观测值的中误差

同精度往返观测值中误差及其算术平均值中误差的计算公式分别为

$$\hat{\sigma}_L=\frac{\hat{\sigma}_d}{\sqrt{2}}=\sqrt{\frac{[dd]}{2n}}$$

$$\hat{\sigma}_X=\frac{1}{2}\sqrt{\frac{[dd]}{n}}$$

式中，d 为往返观测值的差数。

§1.2 技能测试

1. 什么叫测量误差？产生测量误差的原因有哪些？

2. 偶然误差、系统误差各自有什么特性？举出系统误差和偶然误差的例子各 5 个。

3. 试述粗差的特点及处理办法。

4. 简述精度、准度、精准度的区别与联系。

5. 试述中误差、极限误差、相对误差的含义与区别。

6. 观测值函数的中误差与观测值中误差存在什么关系？

7. 试述权与方差的区别与联系。

8. 在水准测量中，每一测站观测的中误差均为 ±3 mm，今要求从已知水准点推测待定点的高程中误差不大于 ±5 mm，问最多只能设多少站？

9. 对于某一矩形场地，量得其长度 $a=156.34\text{ m}\pm0.1\text{ m}$，宽度 $b=85.27\text{ m}\pm0.05\text{ m}$，计算该矩形场地的面积 P 及其中误差 σ_P。

10. Z 为独立观测值 L_1、L_2、L_3 的函数，$Z=\frac{2}{9}L_1+\frac{2}{9}L_2+\frac{5}{9}L_3$，已知 L_1、L_2、L_3 的中误差为 $\sigma_1=3$ mm，$\sigma_2=2$ mm，$\sigma_3=1$ mm，求函数 Z 的中误差 σ_Z。

11. 设有观测值 $\boldsymbol{X}=[X_1\quad X_2]^{\mathrm{T}}$ 的两组函数为

$$\begin{cases}Y_1=X_1-2X_2^2\\Y_2=2X_1^2+3\end{cases},\quad\begin{cases}Z_1=2X_1+X_2\\Z_2=6X_2^2+5\end{cases}$$

已知 $\boldsymbol{D}_X=\begin{bmatrix}2&-1\\-1&2\end{bmatrix}$，令 $\boldsymbol{Y}=[Y_1\quad Y_2]^{\mathrm{T}}$，$\boldsymbol{Z}=[Z_1\quad Z_2]^{\mathrm{T}}$，试求 $\boldsymbol{D}_Y$、$\boldsymbol{D}_Z$、$\boldsymbol{D}_{YZ}$。

12. 已知独立观测值 $\underset{2\times1}{\boldsymbol{L}}$ 的方差阵 $\boldsymbol{D}_L=\begin{bmatrix}16 & 0\\0 & 8\end{bmatrix}$ 及其单位权方差等于 $\sigma_0^2=2$，试求权阵 $\boldsymbol{P}_L$ 及权 p_1 和 p_2。

13. 已知相关观测值 $\underset{2\times1}{\boldsymbol{L}}$ 的方差阵 $\boldsymbol{D}_L=\begin{bmatrix}5 & -2\\-2 & 4\end{bmatrix}$，其单位权方差等于 $\sigma_0^2=1$，试求权阵 $\boldsymbol{P}_L$ 及权 p_1 和 p_2。

14. 已知观测值向量 $\boldsymbol{L}$，其协因数阵为单位阵，并有

$$\boldsymbol{V}=\boldsymbol{B}\hat{\boldsymbol{x}}-\boldsymbol{l},\quad \boldsymbol{B}^{\mathrm{T}}\boldsymbol{B}\hat{\boldsymbol{x}}-\boldsymbol{B}^{\mathrm{T}}\boldsymbol{l}=\boldsymbol{0},\quad \hat{\boldsymbol{x}}=(\boldsymbol{B}^{\mathrm{T}}\boldsymbol{B})^{-1}\boldsymbol{B}^{\mathrm{T}}\boldsymbol{l},\quad \hat{\boldsymbol{L}}=\boldsymbol{L}+\boldsymbol{V}$$

式中，$\boldsymbol{B}$ 为已知的系数阵，$\boldsymbol{B}^{\mathrm{T}}\boldsymbol{B}$ 为可逆矩阵。试求协因数阵 $\boldsymbol{Q}_{\hat{X}\hat{X}}$、$\boldsymbol{Q}_{VV}$、$\boldsymbol{Q}_{\hat{L}\hat{L}}$。

15. 对 8 条边长进行等精度双次观测，观测结果见表 1-1，取每条边两次观测的算术平均值作为该边的最可靠值，求观测值中误差和每边最可靠值的中误差。

表 1-1　边长等精度双次观测值数据

编号	L'/m	L''/m	d/mm	dd/mm^2
1	103.478	103.482	−4	16
2	99.556	99.534	22	484
3	100.378	100.382	−9	81
4	101.763	101.742	21	441
5	103.350	103.343	7	49
6	98.885	98.876	9	81
7	101.004	101.014	−10	100
8	102.293	102.285	8	64
—	—	—	$[dd]=1\,316$ mm^2	

技能测试答案

1. 对某量（如某一个角度、某一段距离或某两点间的高差等）进行多次观测，所得的各次观测结果存在着差异，实质上表现为每次测量所得的观测值与该量的真值之间的差值，此差值称为测量误差，也称观测误差，即

$$测量误差(\Delta)=真值-观测值$$

测量误差主要来源于以下 3 个方面：①仪器设备；②观测者；③外界环境的影响。

2. 系统误差的特点是测量结果向一个方向偏离，其数值按一定规律变化，具有重复性、单向性。例如，角度测量时，经纬仪的视准轴不垂直于横轴而产生的视准轴误差；水准尺刻划不精确所引起的读数误差；测角时，因大气折光而产生的角度误差；钢尺量距时，外界温度与仪器检定时温度不一致所引起的距离差；观测者照准目标时，总是习惯于偏向中央某一侧而产生的误差。

偶然误差的特性是误差的大小及符号都表现出偶然性、随机性，即从单个误差来看，该误差的大小及符号没有规律，但从大量误差的总体来看，具有一定的统计规律。例如，水准测量读数时，估读不准确而产生的误差；钢尺丈量距离时，对点不准确而引起的误差；观测者照准目

标时，时而偏向左侧时而偏向右侧所产生的误差；经纬仪测角时，测回间的对中误差等。

3. 粗差是一种大量级的观测误差，在测量成果中，是不允许粗差存在的。一旦发现粗差，该观测值必须舍弃或重测。处理粗差的办法主要有以下两种。

(1)采用 3σ 准则，可以认为偏差超过 3σ 的测量值是其他因素或过失造成的，为异常数据，应当剔除。

(2)进行必要的重复观测和多余观测，通过必要而又严格的检核、验算等方式均可发现粗差。

4. 精度反映的是该组观测值与其理论平均值(即数学期望)的接近程度，也可以说，精度是以观测值自身的平均值为标准的，是衡量偶然误差大小程度的指标。

准确度是指随机变量 X 的真值 $\widetilde{X}$ 与其数学期望 $E(X)$ 之差，表征了观测结果系统误差大小的程度，是衡量系统误差大小程度的指标。

精确度是精度和准确度的总称，反映了偶然误差和系统误差联合影响的大小程度，是一个全面衡量观测质量的指标。

5. 中误差 σ 作为衡量精度的指标，代表一组同精度观测误差平方的平均值的平方根极限值。一般以三倍中误差作为偶然误差的极限值 $\Delta_{限}$，并称为极限误差。

相对误差是误差的绝对值与观测值本身的比值，即

$$K=\frac{\sigma}{L}=\frac{1}{N}$$

6. 观测值函数的中误差与观测值的中误差遵循协方差传播律，即

$$D_{ZZ}=\sigma_Z^2=\boldsymbol{K}\boldsymbol{D}_{XX}\boldsymbol{K}^{\mathrm{T}}$$

D_{ZZ} 的纯量形式为

$$D_{ZZ}=\sigma_Z^2=k_1^2\sigma_1^2+k_2^2\sigma_2^2+\cdots+k_n^2\sigma_n^2+2k_1k_2\sigma_{12}+2k_1k_3\sigma_{13}+\cdots+2k_1k_n\sigma_{1n}+\cdots+2k_{n-1}k_n\sigma_{n-1,n}$$

当向量中的各分量两两独立时，它们之间的协方差 $\sigma_{ij}=0$，此时上式为

$$D_{ZZ}=\sigma_Z^2=k_1^2\sigma_1^2+k_2^2\sigma_2^2+\cdots+k_n^2\sigma_n^2$$

7. 方差是表示精度的一个绝对数字特征，一定的观测条件就对应着一定的误差分布，而一定的误差分布就对应着一个确定的方差(或中误差)。权是表示精度的一个相对数字特征，即通过方差之间的比例关系来衡量观测值之间精度的高低。

8. 解：为了满足精度要求，令最多可设 N 站，则

$$N\sigma_{站}^2=N\times3^2=9N\leqslant5^2$$

$$N\leqslant\frac{25}{9}\approx2.8$$

因此最多只能设 2 站。

9. 解：矩形场地面积的函数式为

$$P=ab$$

其面积为

$$P=ab=156.34\times85.27=13\,331.11\ \mathrm{m}^2$$

对面积表达式进行全微分得

$$\mathrm{d}P=b\mathrm{d}a+a\mathrm{d}b$$

则根据协方差传播律有

$$\sigma_P^2=b^2\sigma_a^2+a^2\sigma_b^2$$

将各数值代入可得

$$\sigma_P^2=85.27^2\times0.10^2+156.34^2\times0.05^2=133.82\ \mathrm{m}^4$$

$$\sigma_P=11.57\ \mathrm{m}^2$$

则面积中误差为$\pm11.57\ \mathrm{m}^2$。

10. 解：根据协方差传播律有

$$\sigma_Z^2=\left(\frac{2}{9}\right)^2\times3^2+\left(\frac{2}{9}\right)^2\times2^2+\left(\frac{5}{9}\right)^2\times1^2=\frac{77}{81}\ \mathrm{mm}^2$$

则函数 Z 的中误差

$$\sigma_Z=0.97\ \mathrm{mm}$$

11. 解：对两组非线性函数全微分可得

$$\begin{cases}\mathrm{d}Y_1=\mathrm{d}X_1-4X_2\mathrm{d}X_2\\ \mathrm{d}Y_2=4X_1\mathrm{d}X_1\end{cases},\quad\begin{cases}\mathrm{d}Z_1=2\mathrm{d}X_1+\mathrm{d}X_2\\ \mathrm{d}Z_2=12X_2\mathrm{d}X_2\end{cases}$$

则有

$$\begin{aligned}\boldsymbol{D}_Y&=\begin{bmatrix}1&-4X_2\\4X_1&0\end{bmatrix}\begin{bmatrix}2&-1\\-1&2\end{bmatrix}\begin{bmatrix}1&-4X_2\\4X_1&0\end{bmatrix}^{\mathrm{T}}\\&=\begin{bmatrix}32X_2^2+8X_2+2&8X_1+16X_1X_2\\8X_1+16X_1X_2&32X_1^2\end{bmatrix}\\ \boldsymbol{D}_Z&=\begin{bmatrix}2&1\\0&12X_2\end{bmatrix}\begin{bmatrix}2&-1\\-1&2\end{bmatrix}\begin{bmatrix}2&1\\0&12X_2\end{bmatrix}^{\mathrm{T}}\\&=\begin{bmatrix}6&0\\0&288X_2^2\end{bmatrix}\\ \boldsymbol{D}_{YZ}&=\begin{bmatrix}1&-4X_2\\4X_1&0\end{bmatrix}\begin{bmatrix}2&-1\\-1&2\end{bmatrix}\begin{bmatrix}2&1\\0&12X_2\end{bmatrix}^{\mathrm{T}}\\&=\begin{bmatrix}3&-12X_2-96X_2^2\\12X_1&-48X_1X_2\end{bmatrix}\end{aligned}$$

12. 解：由公式

$$\boldsymbol{D}_L=\sigma_0^2\boldsymbol{Q}_L$$

得

$$\boldsymbol{Q}_L=\begin{bmatrix}8&0\\0&4\end{bmatrix}$$

又由公式

$$\boldsymbol{P}_L=\boldsymbol{Q}_L^{-1}=\begin{bmatrix}\frac{1}{8}&0\\0&\frac{1}{4}\end{bmatrix}$$

可得

$$p_1=\frac{1}{8},\quad p_2=\frac{1}{4}$$

13. 解：由公式

$$\boldsymbol{D}_L=\sigma_0^2\boldsymbol{Q}_L$$

得

$$\boldsymbol{Q}_L=\begin{bmatrix}5&-2\\-2&4\end{bmatrix}$$

由此协因数阵可知

$$p_1=\frac{1}{5},\quad p_2=\frac{1}{4}$$

又由公式得

$$\boldsymbol{P}_L=\boldsymbol{Q}_L^{-1}=\begin{bmatrix}5&-2\\-2&4\end{bmatrix}^{-1}=\begin{bmatrix}\frac{1}{4}&\frac{1}{8}\\\frac{1}{8}&\frac{5}{16}\end{bmatrix}$$

14. 解：由协因数传播律得

$$\boldsymbol{Q}_{XX}=(\boldsymbol{B}^{\mathrm{T}}\boldsymbol{B})^{-1}$$
$$\boldsymbol{Q}_{VV}=-\boldsymbol{B}(\boldsymbol{B}^{\mathrm{T}}\boldsymbol{B})^{-1}\boldsymbol{B}^{\mathrm{T}}+\boldsymbol{I}$$
$$\boldsymbol{Q}_{\hat{L}\hat{L}}=\boldsymbol{B}(\boldsymbol{B}^{\mathrm{T}}\boldsymbol{B})^{-1}\boldsymbol{B}^{\mathrm{T}}$$

15. 解：

$$\hat{\sigma}_L=\sqrt{\frac{[dd]}{2n}}=\sqrt{\frac{1\,316}{2\times8}}=9.07\ \mathrm{mm}$$

$$\hat{\sigma}_X=\frac{\hat{\sigma}_L}{\sqrt{2}}=\frac{1}{2}\sqrt{\frac{[dd]}{n}}=6.41\ \mathrm{mm}$$

观测值中误差为±9.07 mm，每边最可靠值的中误差为±6.41 mm。

第 2 章　测量平差原理

§2.1　知识点汇编

2.1.1　平差模型

1. 平差的函数模型

$$\begin{cases} F(\underset{n\times1}{\widetilde{\boldsymbol{L}}},\underset{u\times1}{\widetilde{\boldsymbol{X}}})=\underset{c\times1}{\boldsymbol{0}} \\ \Phi(\underset{u\times1}{\widetilde{\boldsymbol{X}}})=\underset{s\times1}{\boldsymbol{0}} \end{cases}$$

方程的个数就是 $c+s=r+u$，也就是一般条件方程的个数 c 与参数的限制条件方程的个数 s 之和，必须等于多余观测数 r 与相应参数的个数 u 之和。如果 $c+s<r+u$，则表明少列了某些条件方程，这样平差后求得的结果将无法使该几何模型完全闭合；如果 $c+s>r+u$，则表示所列的条件存在线性相关的情况，这将造成解点上的困难。这一模型的自由度为 $d_f=r=c+s-u$。

线性化后，概括平差的函数模型为

$$\underset{c\times n}{\boldsymbol{A}}\underset{n\times1}{\widetilde{\boldsymbol{L}}}+\underset{c\times u}{\boldsymbol{B}}\underset{u\times1}{\widetilde{\boldsymbol{X}}}+\underset{c\times1}{\boldsymbol{A}_0}=\underset{c\times1}{\boldsymbol{0}}$$
$$\underset{s\times u}{\boldsymbol{C}}\underset{u\times1}{\widetilde{\boldsymbol{X}}}+\underset{s\times1}{\boldsymbol{W}_x}=\underset{s\times1}{\boldsymbol{0}}$$

其中，$\boldsymbol{A}_0$ 为常数向量。也即

$$\underset{c\times n}{\boldsymbol{A}}\underset{n\times1}{\boldsymbol{\Delta}}+\underset{c\times u}{\boldsymbol{B}}\underset{u\times1}{\tilde{\boldsymbol{x}}}+\underset{c\times1}{\boldsymbol{W}}=\underset{c\times1}{\boldsymbol{0}},\quad \boldsymbol{W}=F(\boldsymbol{L},\boldsymbol{X}^0)$$
$$\underset{s\times u}{\boldsymbol{C}}\underset{u\times1}{\tilde{\boldsymbol{x}}}+\underset{s\times1}{\boldsymbol{W}_x}=\underset{s\times1}{\boldsymbol{0}},\quad \boldsymbol{W}_x=\Phi(\boldsymbol{X}^0)$$

这里 $c=r+u-s,c>r,c>u,u>s$；$\widetilde{\boldsymbol{L}}=\boldsymbol{L}+\boldsymbol{\Delta},\widetilde{\boldsymbol{X}}=\boldsymbol{X}^0+\tilde{\boldsymbol{x}}$（$\boldsymbol{L}$、$\boldsymbol{X}^0$ 分别为参数 $\widetilde{\boldsymbol{L}}$ 及 $\widetilde{\boldsymbol{X}}$ 的近似值，$\boldsymbol{\Delta}$、$\tilde{\boldsymbol{x}}$ 分别为参数的真误差）；系数矩阵的秩分别为

$$R(\boldsymbol{A})=c,\quad R(\boldsymbol{B})=u,\quad R(\boldsymbol{C})=s$$

以平差值（最或然值）代替真值，残差代替真误差，即 $\hat{\boldsymbol{L}}=\boldsymbol{L}+\boldsymbol{V},\hat{\boldsymbol{X}}=\boldsymbol{X}^0+\hat{\boldsymbol{x}}$（$\boldsymbol{X}^0$ 仍然为非随机量，$\hat{\boldsymbol{L}}$、$\boldsymbol{V}$ 和 $\hat{\boldsymbol{x}}$ 是随机量）代替 $\widetilde{\boldsymbol{L}}=\boldsymbol{L}+\boldsymbol{\Delta},\widetilde{\boldsymbol{X}}=\boldsymbol{X}^0+\tilde{\boldsymbol{x}}$，则函数模型为

$$\underset{c\times n}{\boldsymbol{A}}\underset{n\times1}{\boldsymbol{V}}+\underset{c\times u}{\boldsymbol{B}}\underset{u\times1}{\hat{\boldsymbol{x}}}+\underset{c\times1}{\boldsymbol{W}}=\underset{c\times1}{\boldsymbol{0}},\quad \boldsymbol{W}=F(\boldsymbol{L},\boldsymbol{X}^0)$$
$$\underset{s\times u}{\boldsymbol{C}}\underset{u\times1}{\hat{\boldsymbol{x}}}+\underset{s\times1}{\boldsymbol{W}_x}=\underset{s\times1}{\boldsymbol{0}}$$

2. 平差的随机模型

$$\boldsymbol{D}=\sigma_0^2\boldsymbol{Q}=\sigma_0^2\boldsymbol{P}^{-1}$$

3. 平差方法

1）条件平差法：$u=0$

无参数，$c=r$，平差值条件方程为 $\boldsymbol{A}\hat{\boldsymbol{L}}+\boldsymbol{A}_0=\boldsymbol{0}$，误差条件方程为 $\boldsymbol{A}\boldsymbol{V}+\boldsymbol{W}=\boldsymbol{0}$，$n$ 个条件方程。

2)间接平差法：$u=t$

t 个参数，$c=r+u=r+t=n$，误差方程为 $\boldsymbol{V}=\boldsymbol{B}\hat{\boldsymbol{x}}-\boldsymbol{l}$，$n$ 个误差方程。

3)附有参数的条件平差法：$u<t$

u 个参数，$c=r+u$，$\boldsymbol{AV}+\boldsymbol{B}\hat{\boldsymbol{x}}+\boldsymbol{W}=\boldsymbol{0}$，$\boldsymbol{C}\hat{\boldsymbol{x}}+\boldsymbol{W}_x=\boldsymbol{0}$，$r+u$ 个条件方程。

4)附有限制条件的间接平差法：$u>t$

u 个参数，$c=r+u=r+(t+s)=n+s$，$\boldsymbol{V}+\boldsymbol{B}\hat{\boldsymbol{x}}-\boldsymbol{l}$，$\boldsymbol{C}\hat{\boldsymbol{x}}+\boldsymbol{W}_x=\boldsymbol{0}$，$n+s$ 个误差方程。

2.1.2 条件平差法

1.条件平差的主要公式

(1)条件方程：

$$\boldsymbol{AV}+\boldsymbol{W}=\boldsymbol{0}$$

式中

$$\boldsymbol{W}=\boldsymbol{AL}+\boldsymbol{A}_0$$

(2)改正数方程：

$$\boldsymbol{V}=\boldsymbol{P}^{-1}\boldsymbol{A}^{\mathrm{T}}\boldsymbol{K}$$

(3)法方程：

$$\boldsymbol{N}_{aa}\boldsymbol{K}+\boldsymbol{W}=\boldsymbol{0}$$

式中

$$\boldsymbol{N}_{aa}=\boldsymbol{AP}^{-1}\boldsymbol{A}^{\mathrm{T}}$$

(4)平差值：

$$\hat{\boldsymbol{L}}=\boldsymbol{L}+\boldsymbol{V}$$

2.精度评定

(1)单位权中误差公式为

$$\hat{\sigma}_0=\sqrt{\frac{\boldsymbol{V}^{\mathrm{T}}\boldsymbol{PV}}{n-t}}$$

(2)平差值函数 $\hat{\Phi}=\boldsymbol{F}^{\mathrm{T}}\hat{\boldsymbol{L}}$ 的权倒数计算公式为

$$Q_{\hat{\Phi}\hat{\Phi}}=\boldsymbol{F}^{\mathrm{T}}\boldsymbol{Q}_{\hat{L}\hat{L}}\boldsymbol{F}$$

$$Q_{\hat{\Phi}\hat{\Phi}}=\boldsymbol{F}^{\mathrm{T}}\boldsymbol{P}^{-1}\boldsymbol{F}-\boldsymbol{F}^{\mathrm{T}}\boldsymbol{P}^{-1}\boldsymbol{A}^{\mathrm{T}}\boldsymbol{N}_{aa}^{-1}\boldsymbol{AP}^{-1}\boldsymbol{F}$$

$$Q_{\hat{\Phi}\hat{\Phi}}=\boldsymbol{F}^{\mathrm{T}}\boldsymbol{P}^{-1}\boldsymbol{F}+\boldsymbol{F}^{\mathrm{T}}\boldsymbol{P}^{-1}\boldsymbol{A}^{\mathrm{T}}\boldsymbol{q}$$

式中，转化系数 $\boldsymbol{q}$ 由方程 $\boldsymbol{N}_{aa}\boldsymbol{q}+\boldsymbol{AP}^{-1}\boldsymbol{F}=\boldsymbol{0}$ 解出。

2.1.3 间接平差法

1.间接平差法的主要公式

(1)误差方程：

$$\boldsymbol{V}=\boldsymbol{B}\hat{\boldsymbol{x}}-\boldsymbol{l}$$

(2)未知数方程：

$$\boldsymbol{B}^{\mathrm{T}}\boldsymbol{PV}=\boldsymbol{0}$$

式中

$$\boldsymbol{l}=\boldsymbol{L}-(\boldsymbol{B}\boldsymbol{X}^0+\boldsymbol{d})$$

(3)法方程：

$$\boldsymbol{N}_{bb}\hat{\boldsymbol{x}}-\boldsymbol{W}_x=\boldsymbol{0}$$

式中

$$\boldsymbol{N}_{bb}=\boldsymbol{B}^{\mathrm{T}}\boldsymbol{P}\boldsymbol{B}$$

$$\boldsymbol{W}_x=\boldsymbol{B}^{\mathrm{T}}\boldsymbol{P}\boldsymbol{l}$$

(4)法方程的解：

$$\hat{\boldsymbol{x}}=\boldsymbol{N}_{bb}^{-1}\boldsymbol{W}_x$$

(5)解向量的协因数阵：

$$\boldsymbol{Q}_x=\boldsymbol{N}_{bb}^{-1}$$

2.精度评定

(1)$\boldsymbol{V}^{\mathrm{T}}\boldsymbol{P}\boldsymbol{V}$ 的计算公式为

$$\begin{aligned}
\boldsymbol{V}^{\mathrm{T}}\boldsymbol{P}\boldsymbol{V}&=(\boldsymbol{B}\hat{\boldsymbol{x}}-\boldsymbol{l})^{\mathrm{T}}\boldsymbol{P}(\boldsymbol{B}\hat{\boldsymbol{x}}-\boldsymbol{l})\\
&=\hat{\boldsymbol{x}}^{\mathrm{T}}\boldsymbol{B}^{\mathrm{T}}\boldsymbol{P}\boldsymbol{B}\hat{\boldsymbol{x}}-\hat{\boldsymbol{x}}^{\mathrm{T}}\boldsymbol{B}^{\mathrm{T}}\boldsymbol{P}\boldsymbol{l}-\boldsymbol{l}^{\mathrm{T}}\boldsymbol{P}\boldsymbol{B}\hat{\boldsymbol{x}}+\boldsymbol{l}^{\mathrm{T}}\boldsymbol{P}\boldsymbol{l}\\
&=(\boldsymbol{N}_{bb}^{-1}\boldsymbol{W}_x)^{\mathrm{T}}\boldsymbol{N}_{bb}(\boldsymbol{N}_{bb}^{-1}\boldsymbol{W}_x)-(\boldsymbol{N}_{bb}^{-1}\boldsymbol{W}_x)^{\mathrm{T}}\boldsymbol{W}_x-\boldsymbol{W}_x^{\mathrm{T}}(\boldsymbol{N}_{bb}^{-1}\boldsymbol{W}_x)+\boldsymbol{l}^{\mathrm{T}}\boldsymbol{P}\boldsymbol{l}\\
&=\boldsymbol{l}^{\mathrm{T}}\boldsymbol{P}\boldsymbol{l}-\boldsymbol{W}_x^{\mathrm{T}}\boldsymbol{N}_{bb}^{-1}\boldsymbol{W}_x\\
&=\boldsymbol{l}^{\mathrm{T}}\boldsymbol{P}\boldsymbol{l}-(\boldsymbol{N}_{bb}\hat{\boldsymbol{x}})^{\mathrm{T}}\hat{\boldsymbol{x}}\\
&=\boldsymbol{l}^{\mathrm{T}}\boldsymbol{P}\boldsymbol{l}-\hat{\boldsymbol{x}}^{\mathrm{T}}\boldsymbol{N}_{bb}\hat{\boldsymbol{x}}
\end{aligned}$$

(2)单位权中误差公式为

$$\hat{\sigma}_0=\sqrt{\frac{\boldsymbol{V}^{\mathrm{T}}\boldsymbol{P}\boldsymbol{V}}{n-t}}$$

(3)关于观测值 $\boldsymbol{L}$ 的函数有

$$\begin{aligned}
&\boldsymbol{L}=\boldsymbol{L}\\
&\hat{\boldsymbol{x}}=\boldsymbol{N}_{bb}^{-1}\boldsymbol{B}^{\mathrm{T}}\boldsymbol{P}\boldsymbol{L}\\
&\boldsymbol{V}=\boldsymbol{B}\hat{\boldsymbol{x}}-\boldsymbol{l}=(\boldsymbol{N}_{bb}^{-1}\boldsymbol{B}^{\mathrm{T}}\boldsymbol{P}-\boldsymbol{I})\boldsymbol{L}\\
&\hat{\boldsymbol{L}}=\boldsymbol{L}+\boldsymbol{V}=\boldsymbol{N}_{bb}^{-1}\boldsymbol{B}^{\mathrm{T}}\boldsymbol{P}\boldsymbol{L}
\end{aligned}$$

根据协因数传播律,可得到

$$\begin{aligned}
&\boldsymbol{Q}_{LL}=\boldsymbol{Q}_{ll}=\boldsymbol{Q}\\
&\boldsymbol{Q}_{L\hat{x}}=\boldsymbol{Q}\boldsymbol{P}\boldsymbol{B}\boldsymbol{N}_{bb}^{-1}=\boldsymbol{B}\boldsymbol{N}_{bb}^{-1}\\
&\boldsymbol{Q}_{LV}=\boldsymbol{Q}(\boldsymbol{P}\boldsymbol{B}\boldsymbol{N}_{bb}^{-1}\boldsymbol{B}^{\mathrm{T}}-\boldsymbol{I})=\boldsymbol{B}\boldsymbol{N}_{bb}^{-1}\boldsymbol{B}^{\mathrm{T}}-\boldsymbol{Q}\\
&\boldsymbol{Q}_{L\hat{L}}=\boldsymbol{Q}\boldsymbol{P}\boldsymbol{B}\boldsymbol{N}_{bb}^{-1}\boldsymbol{B}^{\mathrm{T}}=\boldsymbol{B}\boldsymbol{N}_{bb}^{-1}\boldsymbol{B}^{\mathrm{T}}\\
&\boldsymbol{Q}_{\hat{x}\hat{x}}=\boldsymbol{N}_{bb}^{-1}\boldsymbol{B}^{\mathrm{T}}\boldsymbol{P}\boldsymbol{Q}\boldsymbol{P}\boldsymbol{B}\boldsymbol{N}_{bb}^{-1}=\boldsymbol{N}_{bb}^{-1}\\
&\boldsymbol{Q}_{\hat{x}V}=\boldsymbol{N}_{bb}^{-1}\boldsymbol{B}^{\mathrm{T}}\boldsymbol{P}\boldsymbol{Q}(\boldsymbol{P}\boldsymbol{B}\boldsymbol{N}_{bb}^{-1}\boldsymbol{B}^{\mathrm{T}}-\boldsymbol{I})=\boldsymbol{0}\\
&\boldsymbol{Q}_{\hat{x}\hat{L}}=\boldsymbol{N}_{bb}^{-1}\boldsymbol{B}^{\mathrm{T}}\boldsymbol{P}\boldsymbol{Q}(\boldsymbol{P}\boldsymbol{B}\boldsymbol{N}_{bb}^{-1}\boldsymbol{B}^{\mathrm{T}})=\boldsymbol{N}_{bb}^{-1}\boldsymbol{B}^{\mathrm{T}}\\
&\boldsymbol{Q}_{VV}=(\boldsymbol{B}\boldsymbol{N}_{bb}^{-1}\boldsymbol{B}^{\mathrm{T}}\boldsymbol{P}-\boldsymbol{I})\boldsymbol{Q}(\boldsymbol{P}\boldsymbol{B}\boldsymbol{N}_{bb}^{-1}\boldsymbol{B}^{\mathrm{T}}-\boldsymbol{I})=\boldsymbol{Q}-\boldsymbol{B}\boldsymbol{N}_{bb}^{-1}\boldsymbol{B}^{\mathrm{T}}\\
&\boldsymbol{Q}_{V\hat{L}}=(\boldsymbol{B}\boldsymbol{N}_{bb}^{-1}\boldsymbol{B}^{\mathrm{T}}\boldsymbol{P}-\boldsymbol{I})\boldsymbol{Q}(\boldsymbol{P}\boldsymbol{B}\boldsymbol{N}_{bb}^{-1}\boldsymbol{B}^{\mathrm{T}})=\boldsymbol{0}\\
&\boldsymbol{Q}_{\hat{L}\hat{L}}=(\boldsymbol{B}\boldsymbol{N}_{bb}^{-1}\boldsymbol{B}^{\mathrm{T}}\boldsymbol{P})\boldsymbol{Q}(\boldsymbol{P}\boldsymbol{B}\boldsymbol{N}_{bb}^{-1}\boldsymbol{B}^{\mathrm{T}})=\boldsymbol{B}\boldsymbol{N}_{bb}^{-1}\boldsymbol{B}^{\mathrm{T}}=\boldsymbol{Q}-\boldsymbol{Q}_{VV}
\end{aligned}$$

§2.2 技能测试

1. 在图 2-1 中,已知 A、B 点高程为 $H_A=62.222$ m,$H_B=61.222$ m,观测高差值及路线长度为

$$h_1=-1.003 \text{ m},\quad h_2=-0.500 \text{ m},\quad h_3=-0.501 \text{ m}$$

$$S_1=2 \text{ km},\quad S_2=1 \text{ km},\quad S_3=0.5 \text{ km}$$

(1)试列出改正数条件方程。

(2)试按条件平差原理计算各段高差的平差值。

2. 在图 2-2 中,已知角度独立观测值及其中误差与各自方差为

$$L_1=69°03'14'',\quad L_2=52°32'22'',\quad L_3=301°35'42''$$

$$\sigma_0=5'',\quad \sigma_1=2'',\quad \sigma_2=3'',\quad \sigma_3=2''$$

(1)试列出改正数条件方程。

(2)试按条件平差法求∠ACB 的平差值。

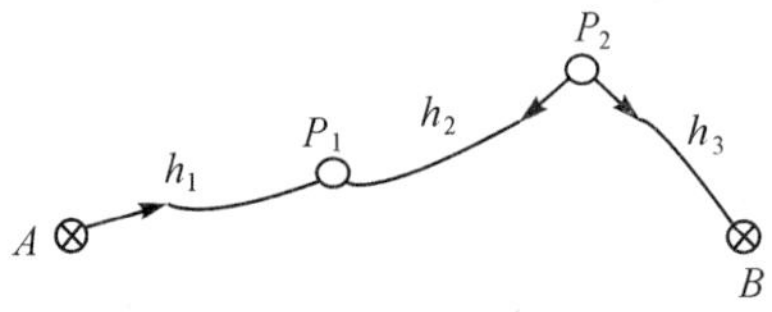

图 2-1 水准路线观测

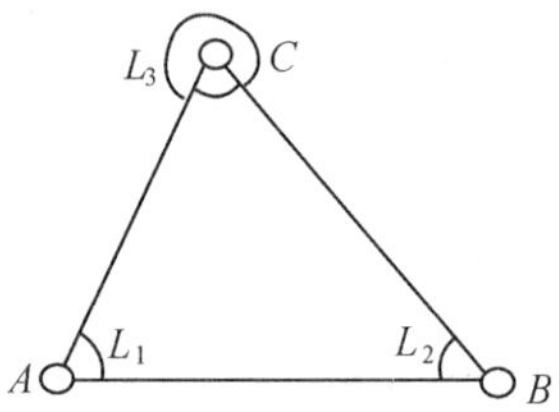

图 2-2 三角形观测示意 1

3. 在图 2-3 中,同精度观测了角 α、β、γ、δ,试按条件平差法求角 γ 的平差值计算式。

4. 在测站 A 点,同精度观测了 3 个角(如图 2-4 所示),其值为

$$L_1=35°20'15'',\quad L_2=65°19'27'',\quad L_3=29°59'10''$$

试按条件平差法求各角平差值。

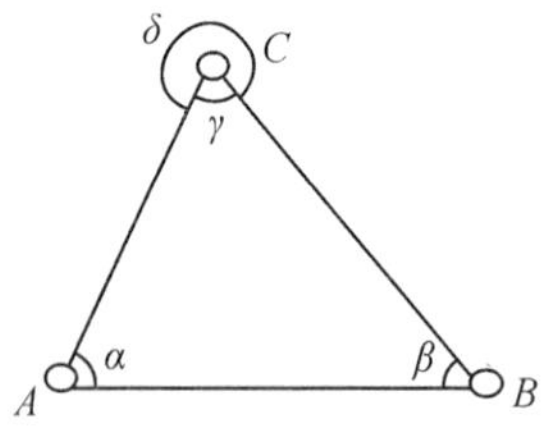

图 2-3 三角形观测示意 2

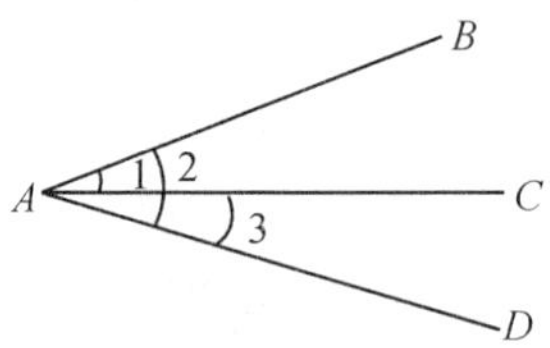

图 2-4 角度观测

5. 在图 2-5 中,A、B、C 3 点在一直线中测出了 AB、BC 及 AC 的距离,得 4 个独立观测值为

$$L_1=200.010 \text{ m},\quad L_2=300.050 \text{ m},\quad L_3=300.070 \text{ m},\quad L_4=500.090 \text{ m}$$

若令 100 m 量距的权为单位权,试按条件平差法确定 A、C 之间各段距离的平差值。

6. 在图 2-6 中,同精度观测了测站 A 周围的角度,得观测值为

$$L_1=35°19'16.2'',\quad L_2=109°47'28.8'',\quad L_3=214°53'12.0'',\quad L_4=145°06'46.2''$$

设 $\boldsymbol{Q}=\boldsymbol{I}$,试用条件平差求各角平差值。

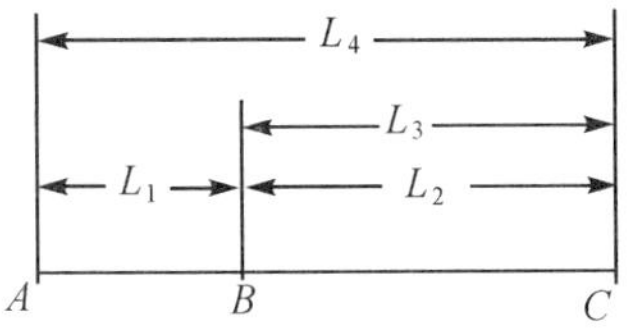

图 2-5　距离观测

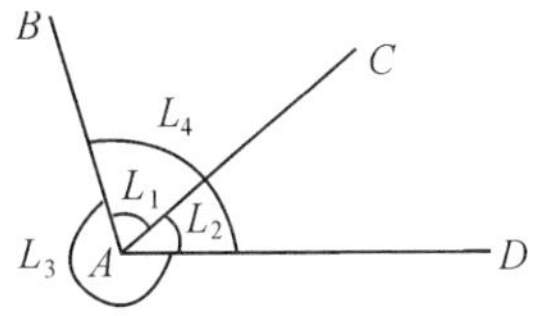

图 2-6　测站观测

7. 在图 2-7 的水准网中，P_1、P_2 及 P_3 点为待定点，测得各段水准路线高差为

$$h_1=+1.335\ \mathrm{m},\quad h_2=+0.055\ \mathrm{m},\quad h_3=-1.396\ \mathrm{m}$$

$$S_1=2\ \mathrm{km},\quad S_2=2\ \mathrm{km},\quad S_3=3\ \mathrm{km}$$

若令 2km 路线上的观测高差为位权观测，试用间接平差法求高差的平差值。

8. 在三角形 ABC 中(如图 2-8 所示)，测得不等精度观测值为

$$\beta_1=45°30'46'',\quad \beta_2=67°22'10'',\quad \beta_3=67°07'14'',\quad p_{\beta_1}=1'',\quad p_{\beta_2}=1.2'',\quad p_{\beta_3}=1.8''$$

试按间接平差计算各角的平差值。

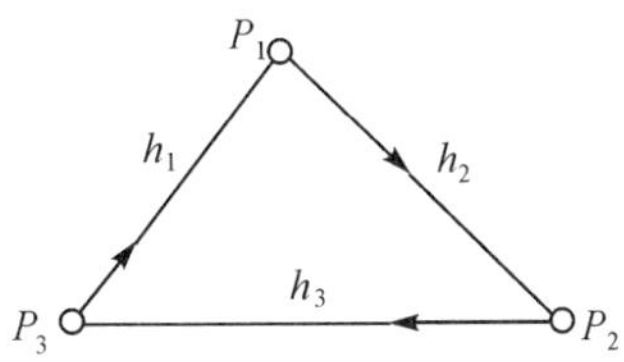

图 2-7　水准网

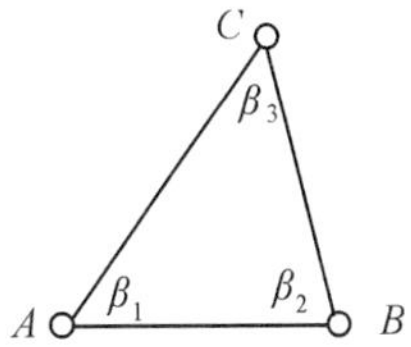

图 2-8　三角形观测示意 3

9. 在图 2-9 的单一附合水准路线中，A、B 点为已知点，P_1、P_2 点为待定点，观测高差为 h_1、h_2、h_3，路线长度为 S_1、S_2、S_3。设观测高差的权为 $p_i=\dfrac{1}{S_i}$，并令 P_1、P_2 点高程为未知参数，试按间接平差原理求待定点高程平差值。

10. 在图 2-10 中，A、B、C、D 点在同一条直线上为确定其间的 3 段距离，测出了距离 AB、BC、CD、AC 和 BD，相应的观测值为

$$L_1=200.000\ \mathrm{m},\ L_2=200.000\ \mathrm{m},\ L_3=200.080\ \mathrm{m},\ L_4=400.040\ \mathrm{m},\ L_5=400.000\ \mathrm{m}$$

设它们不相关且等精度。若分别选取 AB、BC 及 CD 3 段距离为未知参数 X_1、X_2 和 X_3，试按间接平差法求 A、D 两点间的距离平差值。

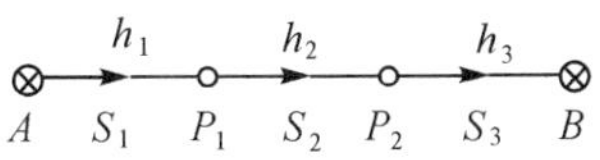

图 2-9　附合水准路线

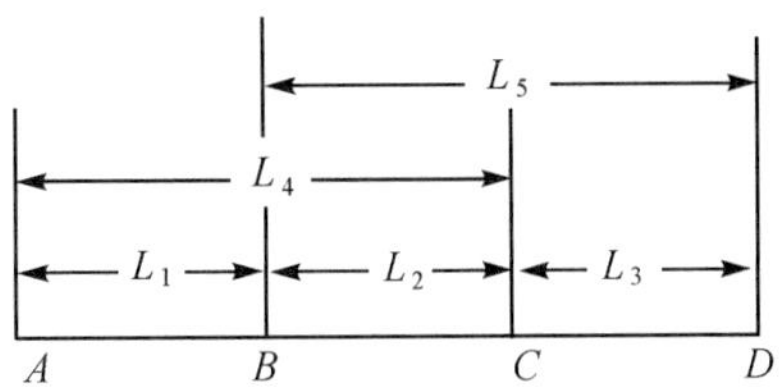

图 2-10　距离测量

技能测试答案

1. 解：(1)本题中，$n=3,t=2,r=n-t=1$，可列出条件方程为

$$H_A+\hat{h}_1-\hat{h}_2+\hat{h}_3-H_B=0$$

可得

$$v_1 - v_2 + v_3 - 4 = 0$$

式中闭合差单位为毫米(mm)。

(2)令 $c = 2$,根据 $p_i = \dfrac{c}{S_i}$,得

$$p_1 = \frac{c}{S_1} = 1,\quad p_2 = \frac{c}{S_2} = 2,\quad p_3 = \frac{c}{S_3} = 4$$

即

$$\boldsymbol{P} = \begin{bmatrix} 1 & 0 & 0 \\ 0 & 2 & 0 \\ 0 & 0 & 4 \end{bmatrix}$$

则

$$\boldsymbol{Q} = \boldsymbol{P}^{-1} = \begin{bmatrix} 1 & 0 & 0 \\ 0 & \frac{1}{2} & 0 \\ 0 & 0 & \frac{1}{4} \end{bmatrix}$$

$$\boldsymbol{N}_{aa} = \boldsymbol{AQA}^{\mathrm{T}} = \frac{7}{4}$$

$$\boldsymbol{K} = -\boldsymbol{N}_{aa}^{-1}\boldsymbol{W} = \frac{16}{7}$$

$$\boldsymbol{V} = \boldsymbol{QA}^{\mathrm{T}}\boldsymbol{K} = \begin{bmatrix} \frac{16}{7} \\ -\frac{8}{7} \\ \frac{4}{7} \end{bmatrix} \text{mm}$$

$$\hat{\boldsymbol{h}} = \boldsymbol{h} + \boldsymbol{V} = \begin{bmatrix} -1.001 \\ -0.501 \\ -0.500 \end{bmatrix} \text{m}$$

检核:$H_A + \hat{h}_1 - \hat{h}_2 + \hat{h}_3 = 61.222\ \text{m} = H_B$

2.解:(1)本题中,$n=3$,$t=2$,$r=n-t=1$,可列出条件方程为

$$\hat{L}_1 + \hat{L}_2 + (360 - \hat{L}_3) - 180 = 0$$

将 $\hat{L}_i = L_i + v_i$ 代入上式,经计算得条件方程为

$$v_1 + v_2 - v_3 - 6 = 0$$

可用矩阵表示为

$$\begin{bmatrix} 1 & 1 & -1 \end{bmatrix} \begin{bmatrix} v_1 \\ v_2 \\ v_3 \end{bmatrix} - 6 = 0$$

式中闭合差单位为角秒(″)。

(2)由 $\sigma_0 = 5''$,$\sigma_1 = 2''$,$\sigma_2 = 3''$,$\sigma_3 = 2''$，可知

$$p_1 = \frac{25}{4}, \quad p_2 = \frac{25}{9}, \quad p_3 = \frac{25}{4}$$

法方程系数阵为

$$\boldsymbol{N}_{aa} = \boldsymbol{AQA}^{\mathrm{T}} = \begin{bmatrix} 1 & 1 & -1 \end{bmatrix} \begin{bmatrix} \frac{4}{25} & 0 & 0 \\ 0 & \frac{9}{25} & 0 \\ 0 & 0 & \frac{4}{24} \end{bmatrix} \begin{bmatrix} 1 \\ 1 \\ -1 \end{bmatrix} = \frac{17}{25}$$

$$\boldsymbol{N}_{aa}^{-1} = \frac{25}{17}$$

由此得

$$\boldsymbol{K} = -\boldsymbol{N}_{aa}^{-1}\boldsymbol{W} = -\frac{25}{17} \times (-6) = \frac{150}{17}$$

代入改正数方程计算 **V**,得

$$\boldsymbol{V} = \boldsymbol{QA}^{\mathrm{T}}\boldsymbol{K} = \begin{bmatrix} 1.5 & 3.0 & -1.5 \end{bmatrix}^{\mathrm{T}} ('')$$

观测值的平差值为

$$\hat{L}_1 = 69°03'15.5'', \quad \hat{L}_2 = 52°32'25'', \quad \hat{L}_3 = 301°35'40.5''$$

因此，$\angle ACB = 58°24'19.5''$。为了检核,将平差值代入条件方程,等式成立,故知以上平差计算无误。

3. 解:本题中,$n=4$,$t=2$,$r=n-t=2$,可列出以下 2 个条件方程,即

$$\begin{cases} \hat{\alpha} + \hat{\beta} + \hat{\gamma} - 180 = 0 \\ \hat{\gamma} + \hat{\delta} - 360 = 0 \end{cases}$$

以 $\hat{L}_i = L_i + v_i$ 代入上式,经计算得条件方程为

$$\begin{cases} v_\alpha + v_\beta + v_\gamma + (\alpha + \beta + \gamma - 180) = 0 \\ v_\gamma + v_\delta + (\gamma + \delta - 360) = 0 \end{cases}$$

可用矩阵表示为

$$\begin{bmatrix} 1 & 1 & 1 & 0 \\ 0 & 0 & 1 & 1 \end{bmatrix} \begin{bmatrix} v_\alpha \\ v_\beta \\ v_\gamma \\ v_\delta \end{bmatrix} + \begin{bmatrix} \alpha + \beta + \gamma - 180 \\ \gamma + \delta - 360 \end{bmatrix} = \boldsymbol{0}$$

式中闭合差单位为度(°)。由

$$\boldsymbol{Q} = \boldsymbol{P}^{-1} = \begin{bmatrix} 1 & 0 & 0 & 0 \\ 0 & 1 & 0 & 0 \\ 0 & 0 & 1 & 0 \\ 0 & 0 & 0 & 1 \end{bmatrix}$$

可得法方程系数阵为

$$\boldsymbol{N}_{aa}=\boldsymbol{AQA}^{\mathrm{T}}=\begin{bmatrix}1&1&1&0\\0&0&1&1\end{bmatrix}\begin{bmatrix}1&0&0&0\\0&1&0&0\\0&0&1&0\\0&0&0&1\end{bmatrix}\begin{bmatrix}1&0\\1&0\\1&1\\0&1\end{bmatrix}=\begin{bmatrix}3&1\\1&2\end{bmatrix}$$

$$\boldsymbol{N}_{aa}^{-1}=\begin{bmatrix}0.4&-0.2\\-0.2&0.6\end{bmatrix}$$

由此得

$$\boldsymbol{K}=-\boldsymbol{N}_{aa}^{-1}\boldsymbol{W}=-\begin{bmatrix}0.4&-0.2\\-0.2&0.6\end{bmatrix}\begin{bmatrix}\alpha+\beta+\gamma-180\\\gamma+\delta-360\end{bmatrix}=\begin{bmatrix}-0.4\alpha-0.4\beta-0.2\gamma+0.2\delta\\0.2\alpha+0.2\beta-0.4\gamma-0.6\delta+180\end{bmatrix}$$

代入改正数方程计算 $\boldsymbol{V}$，得

$$\boldsymbol{V}=\boldsymbol{QA}^{\mathrm{T}}\boldsymbol{K}=\begin{bmatrix}-0.4\alpha-0.4\beta-0.2\gamma+0.2\delta\\-0.4\alpha-0.4\beta-0.2\gamma+0.2\delta\\-0.2\alpha-0.2\beta-0.6\gamma-0.4\delta+180\\0.2\alpha+0.2\beta-0.4\gamma-0.6\delta+180\end{bmatrix}(^\circ)$$

观测值 γ 的平差值为

$$\hat{\gamma}=\gamma+v_\gamma=-0.2\alpha-0.2\beta+0.4\gamma-0.4\delta+180(^\circ)$$

为了检核，将平差值重新组成条件方程，得

$$\begin{cases}v_\alpha+v_\beta+v_\gamma=180-(\alpha+\beta+\gamma)\\v_\gamma+v_\delta=360-(\gamma+\delta)\end{cases}$$

故知以上平差计算无误。

4. 解：本题中，$n=3,t=2,r=n-t=1$，可列出以下条件方程为

$$\hat{L}_1-\hat{L}_2+\hat{L}_3=0$$

以 $\hat{L}_i=L_i+v_i$ 代入上式，经计算得条件方程为

$$v_1-v_2+v_3-2=0$$

用矩阵表示为

$$\begin{bmatrix}1&-1&1\end{bmatrix}\begin{bmatrix}v_1\\v_2\\v_3\end{bmatrix}-2=0$$

式中闭合差单位为角秒(″)。由

$$\boldsymbol{Q}=\boldsymbol{P}^{-1}=\begin{bmatrix}1&0&0\\0&1&0\\0&0&1\end{bmatrix}$$

可得法方程系数阵为

$$\boldsymbol{N}_{aa}=\boldsymbol{AQA}^{\mathrm{T}}=\begin{bmatrix}1&-1&1\end{bmatrix}\begin{bmatrix}1&0&0\\0&1&0\\0&0&1\end{bmatrix}\begin{bmatrix}1\\-1\\1\end{bmatrix}=3$$

$$N_{aa}^{-1}=\frac{1}{3}$$

由此得

$$K=-N_{aa}^{-1}W=-\frac{1}{3}\times(-2)=\frac{2}{3}$$

代入改正数方程计算 **V**,得

$$V=QA^{\mathrm{T}}K=[0.67\quad -0.67\quad 0.67]^{\mathrm{T}}(")$$

观测值的平差值为

$$\hat{L}_1=35°20'15.67'',\quad \hat{L}_2=65°19'26.34'',\quad \hat{L}_3=29°59'10.67''$$

为了检核,将平差值重新组成条件方程,得

$$\hat{L}_1+\hat{L}_3=\hat{L}_2$$

故知以上平差计算无误。

5. 解:本题中,$n=4,t=2,r=n-t=2$,故可列出以下 2 个平差值条件方程,即

$$\begin{cases}\hat{L}_1+\hat{L}_2-\hat{L}_4=0\\ \hat{L}_2-\hat{L}_3=0\end{cases}$$

以 $\hat{L}_i=L_i+v_i$ 代入上式,经计算得条件方程为

$$\begin{cases}v_1+v_2-v_4-3=0\\ v_2-v_3-2=0\end{cases}$$

上列条件用矩阵表示为

$$\begin{bmatrix}1&1&0&-1\\0&1&-1&0\end{bmatrix}\begin{bmatrix}v_1\\v_2\\v_3\\v_4\end{bmatrix}+\begin{bmatrix}-3\\-2\end{bmatrix}=\mathbf{0}$$

式中闭合差单位是厘米(cm)。

令 100 m 量距的权为单位权,即 $p_i=\frac{100}{S_i}$,于是有

$$\frac{1}{p_1}=\frac{S_1}{100}=2,\quad \frac{1}{p_2}=\frac{S_2}{100}=3,\quad \frac{1}{p_3}=\frac{S_3}{100}=3,\quad \frac{1}{p_4}=\frac{S_4}{100}=5$$

法方程系数阵为

$$N_{aa}=AQA^{\mathrm{T}}=\begin{bmatrix}1&1&0&-1\\0&1&-1&0\end{bmatrix}\begin{bmatrix}2&0&0&0\\0&3&0&0\\0&0&3&0\\0&0&0&5\end{bmatrix}\begin{bmatrix}1&0\\1&1\\0&-1\\-1&0\end{bmatrix}=\begin{bmatrix}10&3\\3&6\end{bmatrix}$$

由此得法方程为

$$\begin{bmatrix}10&3\\3&6\end{bmatrix}\begin{bmatrix}k_a\\k_b\end{bmatrix}+\begin{bmatrix}-3\\-2\end{bmatrix}=\mathbf{0}$$

解得 $k_a=0.235,k_b=0.216$,代入改正数方程计算 **V**,得

$$V = QA^{T}K = [0.47 \quad 1.35 \quad -0.65 \quad -1.18]^{T} \text{ cm}$$

观测值的平差为

$$\hat{L}_1 = 200.0147 \text{ m}, \quad \hat{L}_2 = 300.0635 \text{ m}, \quad \hat{L}_3 = 300.0635 \text{ m}, \quad \hat{L}_4 = 500.0782 \text{ m}$$

为了检核,将平差值代入方程,得

$$\begin{cases} \hat{L}_1 + \hat{L}_2 = \hat{L}_4 \\ \hat{L}_2 = \hat{L}_3 \end{cases}$$

等式成立,故知以上平差计算无误。

6. 解:本题中,$n = 4, t = 2, r = n - t = 2$,故可列立平差值条件方程为

$$\begin{cases} \hat{L}_1 + \hat{L}_2 + \hat{L}_3 - 360 = 0 \\ \hat{L}_1 + \hat{L}_2 - \hat{L}_4 = 0 \end{cases}$$

误差条件方程为

$$\begin{cases} v_1 + v_2 + v_3 - 3 = 0 \\ v_1 + v_2 - v_4 - 1.2 = 0 \end{cases}$$

即

$$\begin{bmatrix} 1 & 1 & 1 & 0 \\ 1 & 1 & 0 & -1 \end{bmatrix} \begin{bmatrix} v_1 \\ v_2 \\ v_3 \\ v_4 \end{bmatrix} + \begin{bmatrix} -3 \\ -1.2 \end{bmatrix} = \mathbf{0}$$

式中闭合差单位为角秒(″)。则法方程系数阵为

$$N_{aa} = \begin{bmatrix} 3 & 2 \\ 2 & 3 \end{bmatrix}$$

$$N_{aa}^{-1} = \begin{bmatrix} \frac{3}{5} & -\frac{2}{5} \\ -\frac{2}{5} & \frac{3}{5} \end{bmatrix}$$

由此得

$$K = -N_{aa}^{-1}W = \begin{bmatrix} 0.6 & -0.4 \\ -0.4 & 0.6 \end{bmatrix} \begin{bmatrix} -3 \\ -1.2 \end{bmatrix} = \begin{bmatrix} 1.32 \\ -0.48 \end{bmatrix}$$

$$V = QA^{T}K = \begin{bmatrix} 1 & 0 & 0 & 0 \\ 0 & 1 & 0 & 0 \\ 0 & 0 & 1 & 0 \\ 0 & 0 & 0 & 1 \end{bmatrix} \begin{bmatrix} 1 & 1 \\ 1 & 1 \\ 1 & 0 \\ 0 & -1 \end{bmatrix} \begin{bmatrix} 1.32 \\ -0.48 \end{bmatrix} = \begin{bmatrix} 0.84 \\ 0.84 \\ 1.32 \\ 0.48 \end{bmatrix} (″)$$

所以有

$$\hat{L} = L + V = \begin{bmatrix} 35°19'17.04'' \\ 109°47'29.64'' \\ 214°53'13.32'' \\ 145°06'46.68'' \end{bmatrix}$$

经检验，$\hat{L}_1+\hat{L}_2+\hat{L}_3=360$，$\hat{L}_1+\hat{L}_2=\hat{L}_4$，说明计算无误。

7. 解：由题意可知 $n=3$，$t=2$。令 $\hat{X}_1=H_{P_1}$，$\hat{X}_2=H_{P_2}$，并假定 $H_{P_3}=0$，可得

$$\begin{cases}\hat{X}_1=X_1^0+\hat{x}_1=(H_{P_3}+h_1)+\hat{x}_1=\hat{x}_1+1.335\\ \hat{X}_2=X_2^0+\hat{x}_2=(H_{P_3}-h_3)+\hat{x}_2=\hat{x}_2+1.396\end{cases}$$

则

$$\begin{cases}h_1+v_1=\hat{X}_1-H_{P_3}\\ h_2+v_2=\hat{X}_2-\hat{X}_1\\ h_3+v_3=H_{P_3}-\hat{X}_2\end{cases}$$

即

$$\begin{bmatrix}v_1\\v_2\\v_3\end{bmatrix}=\boldsymbol{B}\hat{\boldsymbol{x}}-\boldsymbol{l}=\begin{bmatrix}1&0\\-1&1\\0&-1\end{bmatrix}\begin{bmatrix}\hat{x}_1\\\hat{x}_2\end{bmatrix}-\begin{bmatrix}0\\-0.006\\0\end{bmatrix}$$

其中，$\boldsymbol{l}$ 的单位为米(m)。根据 $p=\frac{S_0}{S_i}$，令 $S_0=2\ \text{km}$，则

$$p_1=1,\quad p_2=1,\quad p_3=\frac{2}{3}$$

法方程系数为

$$\begin{aligned}\boldsymbol{N}_{bb}&=\boldsymbol{B}^{\mathrm{T}}\boldsymbol{P}\boldsymbol{B}\\&=\begin{bmatrix}1&-1&0\\0&1&-1\end{bmatrix}\begin{bmatrix}1&0&0\\0&1&0\\0&0&\frac{2}{3}\end{bmatrix}\begin{bmatrix}1&0\\-1&1\\0&-1\end{bmatrix}=\begin{bmatrix}2&-1\\-1&\frac{5}{3}\end{bmatrix}\end{aligned}$$

又有

$$\begin{aligned}\boldsymbol{W}&=\boldsymbol{B}^{\mathrm{T}}\boldsymbol{P}\boldsymbol{l}\\&=\begin{bmatrix}1&-1&0\\0&1&-1\end{bmatrix}\begin{bmatrix}1&0&0\\0&1&0\\0&0&\frac{2}{3}\end{bmatrix}\begin{bmatrix}0\\-0.006\\0\end{bmatrix}=\begin{bmatrix}0.006\\-0.006\end{bmatrix}\end{aligned}$$

$$\boldsymbol{N}_{bb}^{-1}=\begin{bmatrix}\frac{5}{7}&\frac{3}{7}\\\frac{3}{7}&\frac{6}{7}\end{bmatrix}$$

由此得

$$\hat{\boldsymbol{x}}=\boldsymbol{N}_{bb}^{-1}\boldsymbol{W}=\begin{bmatrix}0.0017\\-0.0026\end{bmatrix}\text{m}=\begin{bmatrix}1.7\\2.6\end{bmatrix}\text{mm}$$

$$V = B\hat{x} - l = \begin{bmatrix} 1 & 0 \\ -1 & 1 \\ 0 & -1 \end{bmatrix} \begin{bmatrix} 0.0017 \\ -0.0026 \end{bmatrix} - \begin{bmatrix} 0 \\ -0.006 \\ 0 \end{bmatrix} = \begin{bmatrix} 0.0017 \\ 0.0017 \\ 0.0026 \end{bmatrix} \text{m}$$

所以有

$$\begin{bmatrix} \hat{h}_1 \\ \hat{h}_2 \\ \hat{h}_3 \end{bmatrix} = \begin{bmatrix} h_1 \\ h_2 \\ h_3 \end{bmatrix} + \begin{bmatrix} v_1 \\ v_2 \\ v_3 \end{bmatrix} = \begin{bmatrix} 1.3367 \\ 0.0567 \\ -1.3934 \end{bmatrix} \text{m}$$

经检验，$\hat{h}_1 + \hat{h}_2 + \hat{h}_3 = 0$，说明计算无误。

8. 解：由题意可知 $n = 3, t = 2$。令 $\hat{X}_1 = \angle A, \hat{X}_2 = \angle B, X_1^0 = \beta_1, X_2^0 = \beta_2$，可得

$$\begin{cases} \hat{X}_1 = X_1^0 + \hat{x}_1 = \beta_1 + \hat{x}_1 \\ \hat{X}_2 = X_2^0 + \hat{x}_2 = \beta_2 + \hat{x}_2 \end{cases}$$

则

$$\begin{cases} \beta_1 + v_1 = \hat{X}_1 \\ \beta_2 + v_2 = \hat{X}_2 \\ \beta_3 + v_3 = 180 - \hat{X}_1 - \hat{X}_2 \end{cases}$$

即

$$\begin{bmatrix} v_1 \\ v_2 \\ v_3 \end{bmatrix} = B\hat{x} - l = \begin{bmatrix} 1 & 0 \\ 0 & 1 \\ -1 & -1 \end{bmatrix} \begin{bmatrix} \hat{x}_1 \\ \hat{x}_2 \end{bmatrix} - \begin{bmatrix} 0 \\ 0 \\ 10 \end{bmatrix}$$

其中，l 的单位为角秒(″)。由

$$P = \begin{bmatrix} 1 & 0 & 0 \\ 0 & 1.2 & 0 \\ 0 & 0 & 1.8 \end{bmatrix}$$

可得法方程系数矩阵为

$$\begin{aligned} N_{bb} &= B^{\mathrm{T}} P B \\ &= \begin{bmatrix} 1 & 0 & -1 \\ 0 & 1 & -1 \end{bmatrix} \begin{bmatrix} 1 & 0 & 0 \\ 0 & 1.2 & 0 \\ 0 & 0 & 1.8 \end{bmatrix} \begin{bmatrix} 1 & 0 \\ 0 & 1 \\ -1 & -1 \end{bmatrix} = \begin{bmatrix} 2.8 & 1.8 \\ 1.8 & 3 \end{bmatrix} \end{aligned}$$

又有

$$\begin{aligned} W &= B^{\mathrm{T}} P l \\ &= \begin{bmatrix} 1 & 0 & -1 \\ 0 & 1 & -1 \end{bmatrix} \begin{bmatrix} 1 & 0 & 0 \\ 0 & 1.2 & 0 \\ 0 & 0 & 1.8 \end{bmatrix} \begin{bmatrix} 0 \\ 0 \\ 10 \end{bmatrix} = \begin{bmatrix} -18 \\ -18 \end{bmatrix} \end{aligned}$$

$$N_{bb}^{-1}=\begin{bmatrix}\frac{75}{129} & \frac{45}{129}\\ \frac{45}{129} & \frac{70}{129}\end{bmatrix}=\begin{bmatrix}0.5814 & -0.3488\\ -0.3488 & 0.5426\end{bmatrix}$$

由此得

$$\hat{x}=N_{bb}^{-1}W=\begin{bmatrix}-4.2\\ -3.5\end{bmatrix}('')$$

$$V=B\hat{x}-l=\begin{bmatrix}1 & 0\\ 0 & 1\\ -1 & -1\end{bmatrix}\begin{bmatrix}-4.2\\ -3.5\end{bmatrix}-\begin{bmatrix}0\\ 0\\ 10\end{bmatrix}=\begin{bmatrix}-4.2\\ -3.5\\ -2.3\end{bmatrix}('')$$

所以有

$$\begin{bmatrix}\hat{\beta}_1\\ \hat{\beta}_2\\ \hat{\beta}_3\end{bmatrix}=\begin{bmatrix}\beta_1\\ \beta_2\\ \beta_3\end{bmatrix}+\begin{bmatrix}v_1\\ v_2\\ v_3\end{bmatrix}=\begin{bmatrix}45^\circ30'41.8''\\ 67^\circ22'06.5''\\ 67^\circ07'11.7''\end{bmatrix}$$

经检验，$\hat{\beta}_1+\hat{\beta}_2+\hat{\beta}_3=180$，说明计算正确。

9. 解：由题意可知 $n=3$，$t=2$。令 $\hat{X}_1=H_{P_1}$，$\hat{X}_2=H_{P_2}$，可得

$$\begin{cases}\hat{X}_1=X_1^0+\hat{x}_1=(H_{P_A}+h_1)+\hat{x}_1\\ \hat{X}_2=X_2^0+\hat{x}_2=(H_{P_B}-h_3)+\hat{x}_2\end{cases}$$

则误差方程为

$$\begin{cases}h_1+v_1=\hat{X}_1-H_{P_A}\\ h_2+v_2=\hat{X}_2-\hat{X}_1\\ h_3+v_3=H_{P_B}-\hat{X}_2\end{cases}$$

即

$$\begin{bmatrix}v_1\\ v_2\\ v_3\end{bmatrix}=\begin{bmatrix}1 & 0\\ -1 & 1\\ 0 & -1\end{bmatrix}\begin{bmatrix}\hat{x}_1\\ \hat{x}_2\end{bmatrix}-\begin{bmatrix}0\\ H_{P_A}-H_{P_B}+h_1+h_2+h_3\\ 0\end{bmatrix}$$

根据水准测量定权公式

$$p=\frac{c}{S_i}$$

令 $c=1$，则

$$p_1=\frac{1}{S_1},\quad p_2=\frac{1}{S_2},\quad p_3=\frac{1}{S_3}$$

法方程系数矩阵为

$$\boldsymbol{N}_{bb}=\boldsymbol{B}^{\mathrm{T}}\boldsymbol{P}\boldsymbol{B}=\begin{bmatrix}1 & -1 & 0\\0 & 1 & -1\end{bmatrix}\begin{bmatrix}\dfrac{1}{S_1} & 0 & 0\\0 & \dfrac{1}{S_2} & 0\\0 & 0 & \dfrac{1}{S_3}\end{bmatrix}\begin{bmatrix}1 & 0\\-1 & 1\\0 & -1\end{bmatrix}=\begin{bmatrix}\dfrac{S_1+S_2}{S_1S_2} & -\dfrac{1}{S_2}\\-\dfrac{1}{S_2} & \dfrac{S_2+S_3}{S_2S_3}\end{bmatrix}$$

又有

$$\begin{aligned}\boldsymbol{W}&=\boldsymbol{B}^{\mathrm{T}}\boldsymbol{P}\boldsymbol{l}\\&=\begin{bmatrix}1 & -1 & 0\\0 & 1 & -1\end{bmatrix}\begin{bmatrix}\dfrac{1}{S_1} & 0 & 0\\0 & \dfrac{1}{S_2} & 0\\0 & 0 & \dfrac{1}{S_3}\end{bmatrix}\begin{bmatrix}0\\H_{P_A}-H_{P_B}+h_1+h_2+h_3\\0\end{bmatrix}\\&=\begin{bmatrix}\dfrac{-(H_{P_A}-H_{P_B}+h_1+h_2+h_3)}{S_2}\\\dfrac{(H_{P_A}-H_{P_B}+h_1+h_2+h_3)}{S_2}\end{bmatrix}\end{aligned}$$

$$\boldsymbol{N}_{bb}^{-1}=\begin{bmatrix}\dfrac{S_1(S_2+S_3)}{S_1+S_3+S_2} & \dfrac{S_1S_3}{S_1+S_3+S_2}\\\dfrac{S_1S_3}{S_1+S_3+S_2} & \dfrac{S_3(S_1+S_2)}{S_1+S_3+S_2}\end{bmatrix}$$

由此得

$$\hat{\boldsymbol{x}}=\boldsymbol{N}_{bb}^{-1}\boldsymbol{W}=\begin{bmatrix}\dfrac{S_1(S_2+S_3)}{S_1+S_2+S_3} & \dfrac{S_1S_3}{S_1+S_2+S_3}\\\dfrac{S_1S_3}{S_1+S_2+S_3} & \dfrac{S_3(S_2+S_3)}{S_1+S_2+S_3}\end{bmatrix}\begin{bmatrix}\dfrac{-(H_{P_A}-H_{P_B}+h_1+h_2+h_3)}{S_2}\\\dfrac{(H_{P_A}-H_{P_B}+h_1+h_2+h_3)}{S_2}\end{bmatrix}$$

$$=\begin{bmatrix}\dfrac{-S_1(H_{P_A}-H_{P_B}+h_1+h_2+h_3)}{S_1+S_2+S_3}\\\dfrac{S_3(H_{P_A}-H_{P_B}+h_1+h_2+h_3)}{S_1+S_2+S_3}\end{bmatrix}$$

$$\hat{\boldsymbol{X}}=\boldsymbol{X}^0+\hat{\boldsymbol{x}}=\begin{bmatrix}H_{P_A}+h_1-\dfrac{S_1(H_{P_A}-H_{P_B}+h_1+h_2+h_3)}{S_1+S_2+S_3}\\H_{P_B}-h_3+\dfrac{S_3(H_{P_A}-H_{P_B}+h_1+h_2+h_3)}{S_1+S_2+S_3}\end{bmatrix}$$

经验证,可得

$$\begin{cases}\hat{h}_1=h_1-\dfrac{S_1(H_{P_A}-H_{P_B}+h_1+h_2+h_3)}{S_1+S_2+S_3}\\\hat{h}_2=H_{P_B}-H_{P_A}-h_1-h_3+\dfrac{(S_1+S_3)(H_{P_A}-H_{P_B}+h_1+h_2+h_3)}{S_1+S_2+S_3}\\\hat{h}_3=h_3-\dfrac{S_3(H_{P_A}-H_{P_B}+h_1+h_2+h_3)}{S_1+S_2+S_3}\end{cases}$$

$$\hat{h}_1+\hat{h}_2+\hat{h}_3=H_{P_B}-H_{P_A}$$

因此计算正确。

另外，本题的计算也可以按照附合水准路线测量的条件平差方法计算，见教材第 61 页，结果同式(3-13)，即

$$\mathbf{V}=\begin{bmatrix}v_1\\v_2\\v_3\end{bmatrix}=\begin{bmatrix}-\frac{S_1}{\sum_{i=1}^{3}S_i}(H_{P_A}+\sum_{i=1}^{3}h_i-H_{P_B})\\-\frac{S_2}{\sum_{i=1}^{3}S_i}(H_{P_A}+\sum_{i=1}^{3}h_i-H_{P_B})\\-\frac{S_3}{\sum_{i=1}^{3}S_i}(H_{P_A}+\sum_{i=1}^{3}h_i-H_{P_B})\end{bmatrix}$$

$$=\begin{bmatrix}-S_1\frac{H_{P_A}+(h_1+h_2+h_3)-H_{P_B}}{S_1+S_2+S_3}\\-S_2\frac{H_{P_A}+(h_1+h_2+h_3)-H_{P_B}}{S_1+S_2+S_3}\\-S_3\frac{H_{P_A}+(h_1+h_2+h_3)-H_{P_B}}{S_1+S_2+S_3}\end{bmatrix}$$

因为

$$v_1+v_2+v_3=H_{P_B}-h_1-h_2-h_3-H_{P_A}$$

所以

$$\begin{aligned}v_2&=(H_{P_B}-h_1-h_2-h_3-H_{P_A})-v_1-v_3\\&=(H_{P_B}-h_1-h_2-h_3-H_{P_A})+S_1\frac{H_{P_A}+(h_1+h_2+h_3)-H_{P_B}}{S_1+S_2+S_3}+\\&\quad S_3\frac{H_{P_A}+(h_1+h_2+h_3)-H_{P_B}}{S_1+S_2+S_3}\\&=(H_{P_B}-H_{P_A}-h_1-h_2-h_3)+\frac{(S_1+S_3)(H_{P_A}-H_{P_B}+h_1+h_2+h_3)}{S_1+S_2+S_3}\end{aligned}$$

即

$$\begin{aligned}\hat{h}_2&=h_2+v_2\\&=(H_{P_B}-H_{P_A}-h_1-h_3)+\frac{(S_1+S_3)(H_{P_A}-H_{P_B}+h_1+h_2+h_3)}{S_1+S_2+S_3}\end{aligned}$$

可见，对于同一个控制网来说，不论是用条件平差方法还是间接平差方法来平差，结果都是一样的。

10. 解：本题中，$n=5$，$t=3$。令 $\hat{X}_1=\overline{AB}$，$\hat{X}_2=\overline{BC}$，$\hat{X}_3=\overline{CD}$，得

$$\begin{cases}\hat{X}_1=X_1^0+\hat{x}_1=L_1+\hat{x}_1\\ \hat{X}_2=X_2^0+\hat{x}_2=L_2+\hat{x}_2\\ \hat{X}_3=X_3^0+\hat{x}_3=L_3+\hat{x}_3\end{cases}$$

则误差方程为

$$\begin{cases}L_1+v_1=\hat{X}_1\\ L_2+v_2=\hat{X}_2\\ L_3+v_3=\hat{X}_3\\ L_4+v_4=\hat{X}_1+\hat{X}_2\\ L_5+v_5=\hat{X}_2+\hat{X}_3\end{cases}$$

即

$$\begin{bmatrix}v_1\\v_2\\v_3\\v_4\\v_5\end{bmatrix}=\boldsymbol{B}\hat{\boldsymbol{x}}-\boldsymbol{l}\begin{bmatrix}1&0&0\\0&1&0\\0&0&1\\1&1&0\\0&1&1\end{bmatrix}\begin{bmatrix}\hat{x}_1\\\hat{x}_2\\\hat{x}_3\end{bmatrix}-\begin{bmatrix}0\\0\\0\\0.040\\-0.080\end{bmatrix}$$

其中，$\boldsymbol{l}$ 的单位为米(m)。又由

$$\boldsymbol{P}=\begin{bmatrix}1&0&0&0&0\\0&1&0&0&0\\0&0&1&0&0\\0&0&0&1&0\\0&0&0&0&1\end{bmatrix}$$

可得法方程系数矩阵为

$$\boldsymbol{N}_{bb}=\boldsymbol{B}^{\mathrm{T}}\boldsymbol{P}\boldsymbol{B}$$

$$=\begin{bmatrix}1&0&0&1&0\\0&1&0&1&1\\0&0&1&0&1\end{bmatrix}\begin{bmatrix}1&0&0&0&0\\0&1&0&0&0\\0&0&1&0&0\\0&0&0&1&0\\0&0&0&0&1\end{bmatrix}\begin{bmatrix}1&0&0\\0&1&0\\0&0&1\\1&1&0\\0&1&1\end{bmatrix}=\begin{bmatrix}2&1&0\\1&3&1\\0&1&2\end{bmatrix}$$

又有

$$\boldsymbol{W}=\boldsymbol{B}^{\mathrm{T}}\boldsymbol{P}\boldsymbol{l}$$

$$=\begin{bmatrix}1&0&0&1&0\\0&1&0&1&1\\0&0&1&0&1\end{bmatrix}\begin{bmatrix}1&0&0&0&0\\0&1&0&0&0\\0&0&1&0&0\\0&0&0&1&0\\0&0&0&0&1\end{bmatrix}\begin{bmatrix}0\\0\\0\\0.040\\-0.080\end{bmatrix}=\begin{bmatrix}0.04\\-0.04\\-0.08\end{bmatrix}$$

$$\boldsymbol{N}_{bb}^{-1}=\frac{1}{8}\begin{bmatrix}5 & -2 & 1\\ -2 & 4 & -2\\ 1 & -2 & 5\end{bmatrix}$$

由此得

$$\begin{aligned}\hat{\boldsymbol{x}} &= \boldsymbol{N}_{bb}^{-1}\boldsymbol{W}\\ &=\frac{1}{8}\begin{bmatrix}5 & -2 & 1\\ -2 & 4 & -2\\ 1 & -2 & 5\end{bmatrix}\begin{bmatrix}0.04\\ -0.04\\ -0.08\end{bmatrix}=\begin{bmatrix}0.025\\ -0.010\\ -0.035\end{bmatrix}\ \text{m}\end{aligned}$$

$$\begin{bmatrix}\hat{X}_1\\ \hat{X}_2\\ \hat{X}_3\end{bmatrix}=\begin{bmatrix}X_1^0\\ X_2^0\\ X_3^0\end{bmatrix}+\begin{bmatrix}\hat{x}_1\\ \hat{x}_2\\ \hat{x}_3\end{bmatrix}=\begin{bmatrix}200.025\\ 199.990\\ 200.045\end{bmatrix}\ \text{m}$$

因此

$$\overline{AD}=\hat{X}_1+\hat{X}_2+\hat{X}_3=600.060\ \text{m}$$

经检验，可得

$$\begin{bmatrix}v_1\\ v_2\\ v_3\\ v_4\\ v_5\end{bmatrix}=\begin{bmatrix}1 & 0 & 0\\ 0 & 1 & 0\\ 0 & 0 & 1\\ 1 & 1 & 0\\ 0 & 1 & 1\end{bmatrix}\begin{bmatrix}0.025\\ -0.010\\ -0.035\end{bmatrix}-\begin{bmatrix}0\\ 0\\ 0\\ 0.040\\ -0.080\end{bmatrix}=\begin{bmatrix}0.025\\ -0.010\\ -0.035\\ -0.025\\ 0.035\end{bmatrix}\ \text{m}$$

$$\hat{L}_4=L_4+v_4=400.040+(-0.025)=400.015\ \text{m}=\hat{X}_1+\hat{X}_2$$

$$\hat{L}_5=L_5+v_5=400.000+0.035=400.035\ \text{m}=\hat{X}_2+\hat{X}_3$$

因此，说明平差计算正确。

第 3 章　一维高程控制网测量平差

§3.1　知识点汇编

3.1.1　水准网条件平差

1. 条件方程式

$$\underset{r\times n}{A}\underset{n\times 1}{V}+\underset{r\times 1}{W}=0$$

2. 法方程式

$$N_{aa}K+W=0$$

其中

$$N_{aa}=AQA^{T}=AP^{-1}A^{T}$$

3. 联系数矩阵的解算

$$K=-N_{aa}^{-1}W$$

4. 参数改正数

$$V=P^{-1}A^{T}K=QA^{T}K$$

5. $V^{T}PV$ 的计算

$$V^{T}PV=(QA^{T}K)^{T}P(QA^{T}K)=K^{T}AQPQA^{T}K=K^{T}N_{aa}K$$

或

$$V^{T}PV=V^{T}P(QA^{T}K)=V^{T}PQA^{T}K=(AV)^{T}K=-W^{T}K=W^{T}N_{aa}^{-1}W$$

6. 单位权方差的估值公式

$$\hat{\sigma}_0^2=\frac{V^{T}PV}{r}=\frac{V^{T}PV}{n-t}$$

$$\hat{\sigma}_0=\sqrt{\frac{V^{T}PV}{r}}=\sqrt{\frac{V^{T}PV}{n-t}}$$

7. 平差值函数的协因数

$$Q_{ZZ}=F^{T}QF-F^{T}Q_{VV}F=F^{T}(Q-Q_{VV})F=F^{T}Q_{\hat{L}\hat{L}}F$$

或者

$$Q_{ZZ}=F^{T}QF-F^{T}QA^{T}N_{aa}^{-1}AQF=F^{T}QF-(AQF)^{T}N_{aa}^{-1}(AQF)$$

3.1.2　水准网间接平差

1. 误差方程式

$$V=B\hat{x}-l$$

2. 法方程式

$$N_{bb}\hat{x}-W=0$$

其中

$$\underset{t\times t}{N_{bb}} = B^{T}PB,\quad \underset{t\times 1}{W} = B^{T}Pl$$

3. 参数改正数

$$\hat{x} = N_{bb}^{-1}W$$

4. $V^{T}PV$ 的计算

$$\begin{aligned} V^{T}PV &= (B\hat{x}-l)^{T}P(B\hat{x}-l) \\ &= \hat{x}^{T}B^{T}PB\hat{x} - \hat{x}^{T}B^{T}Pl - l^{T}PB\hat{x} + l^{T}Pl \\ &= (N_{bb}^{-1}W)^{T}N_{bb}(N_{bb}^{-1}W) - (N_{bb}^{-1}W)^{T}W - W^{T}(N_{bb}^{-1}W) + l^{T}Pl \\ &= l^{T}Pl - W^{T}N_{bb}^{-1}W \\ &= l^{T}Pl - (N_{bb}\hat{x})^{T}\hat{x} \\ &= l^{T}Pl - \hat{x}^{T}N_{bb}\hat{x} \end{aligned}$$

5. 平差值函数的协因数

$$\frac{1}{p_Z} = F^{T}Q_{\hat{X}\hat{X}}F$$

§3.2　技能测试

1. 各类水准路线测量平差的依据是什么？

2. 水准网的条件平差中，条件方程的个数是多少？多余观测数与条件方程个数有怎样的关系？

3. 怎样由条件方程组成法方程？

4. 水准网间接平差时，对选择的参数有什么要求？误差方程的个数由什么决定？它与参数的选择有无关系？

5. 对水准网进行条件平差和间接平差时，如何求单位权中误差？如何求水准网平差值函数的中误差。

6. 当平差问题中不存在多余观测时，由于观测量之间不产生条件方程式，而无法用条件平差法进行处理，这种情况可否用间接平差法处理呢？

7. 试列出图 3-1、图 3-2 中各水准网的平差值条件方程。

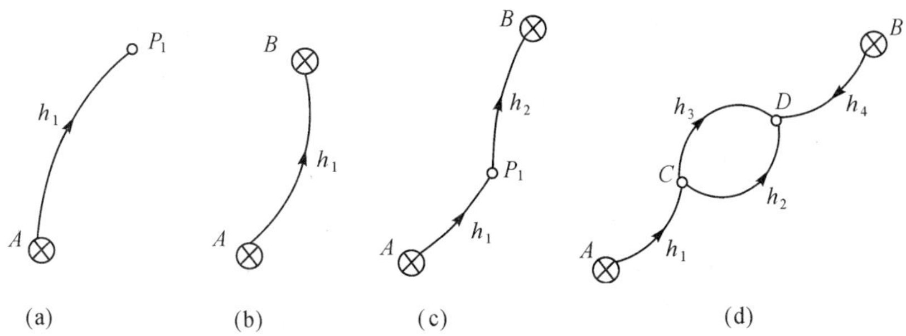

图 3-1　水准网示意 1

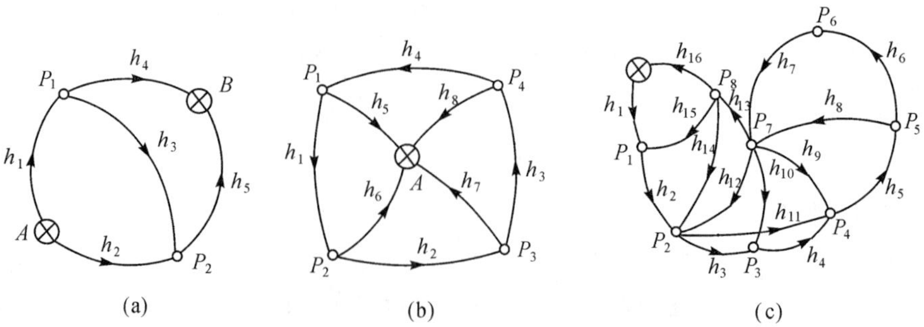

图 3-2 水准网示意 2

8. 试列出图 3-3 的改正数条件方程。

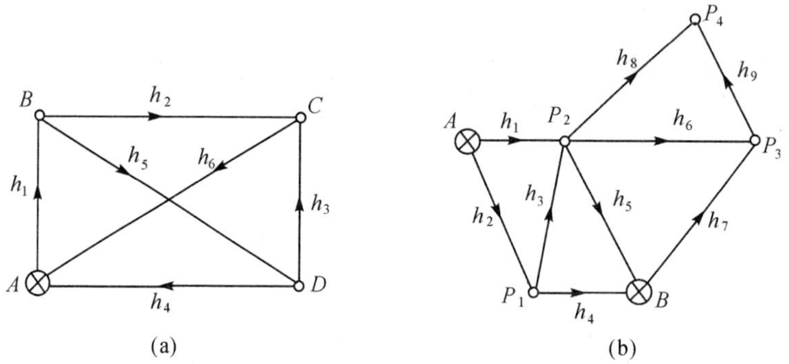

图 3-3 水准网示意 3

9. 在图 3-4 所示的水准网中,已知高程 $H_A = 5.000$ m,$H_B = 8.691$ m,$H_C = 6.152$ m,各观测高差及路线长度分别为

$$h_1 = 1.100\ \text{m}, h_2 = 2.398\ \text{m}, h_3 = 0.200\ \text{m}$$
$$h_4 = 1.000\ \text{m}, h_5 = 3.404\ \text{m}, h_6 = 3.352\ \text{m}$$
$$S_1 = 2\ \text{km}, S_2 = 2\ \text{km}, S_3 = 1\ \text{km}$$
$$S_4 = 2\ \text{km}, S_5 = 2.5\ \text{km}, S_6 = 2\ \text{km}$$

试用条件平差和间接平差两种方法计算各未知点的高程。

10. 在图 3-5 所示的水准网中,A 为已知点,高程为 H_A=10.000 m,P_1、P_2、P_3、P_4 为待定点,各观测高差及路线长度分别为

$$h_1 = 1.270\ \text{m}, h_2 = -3.380\ \text{m}, h_3 = 2.114\ \text{m}$$
$$h_4 = 1.613\ \text{m}, h_5 = -3.721\ \text{m}, h_6 = 2.931\ \text{m}$$
$$h_7 = 0.782\ \text{m}$$
$$S_1 = 2\ \text{km}, S_2 = 2\ \text{km}, S_3 = 1\ \text{km}$$
$$S_4 = 2\ \text{km}, S_5 = 1\ \text{km}, S_6 = 2\ \text{km}$$
$$S_7 = 2\ \text{km}$$

若设 P_2 点高程平差值为参数,求:

(1)列出条件方程。

(2)列出法方程。

(3)求出观测值的改正数及平差值。

(4)平差后单位权方差及 P_2 点高程平差值的中误差。

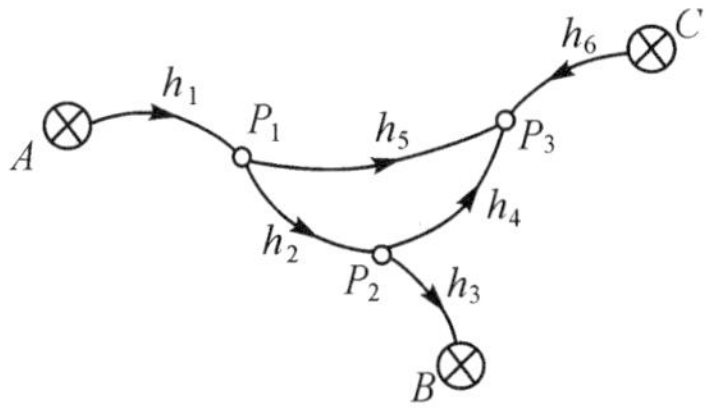

图 3-4　水准网示意 4

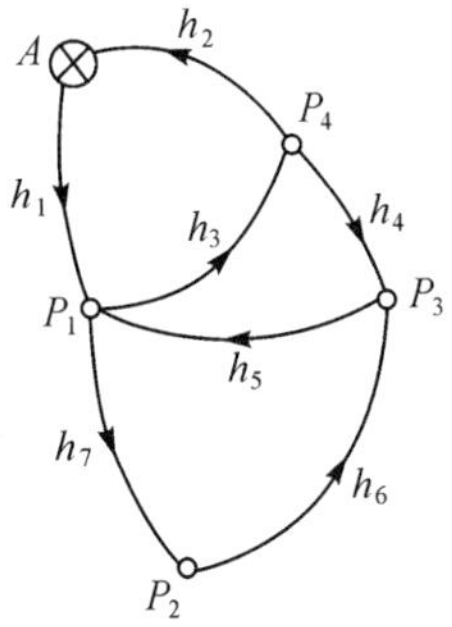

图 3-5　水准网示意 5

11. 在图 3-6 中，由高程已知的水准点 A、B、C，向待定点 D 进行水准测量。各已知点高程分别为 H_A=53.520 m，H_B=54.818 m，H_C=53.768 m；各观测高差分别为 h_1 = 3.476 m，h_2 = 2.198 m，h_3 = 3.234 m；各路线长度分别为 S_1 = 2 km，S_2 = 1 km，S_3 = 2 km。试列出误差方程并确定未知点高程的中误差。

12. 如图 3-7 所示的水准网，A、B、C 为已知水准点，P_1、P_2、P_3 为待定点，已知水准点的高程、各水准路线的长度及观测高差见表 3-1，试用条件平差法及间接平差求 P_1、P_2、P_3 点高程的平差值。

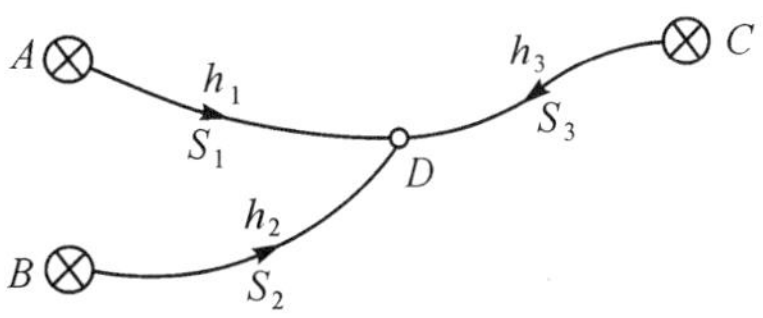

图 3-6　水准网示意 6

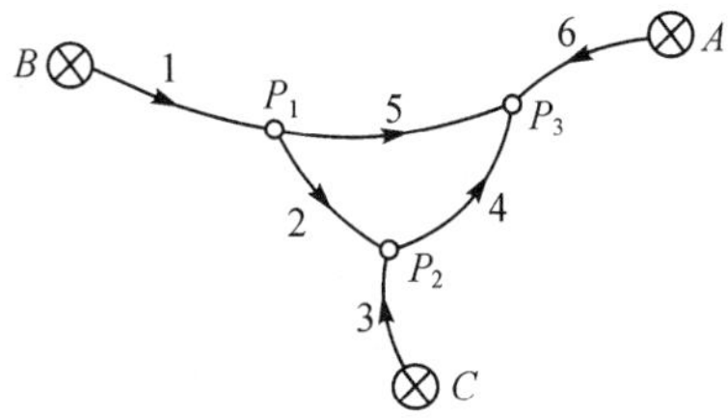

图 3-7　水准网示意 7

表 3-1　水准线路观测值

线号	高差/m	路线长度/km	点号	高程/m
1	1.100	4	A	55.000
2	3.399	2	B	52.947
3	0.200	4	C	57.153
4	1.002	2	—	—
5	4.404	2	—	—
6	3.452	4	—	—

13. 在图 3-8 所示的水准网中，观测高差及路线长度见表 3-2。已知 A、B 点高程为 H_A = 50.000 m，H_B = 40.000 m。试用条件平差法求：

(1)各观测高差的平差值。

(2)平差后 P_1 到 P_2 点间高差的中误差 σ_φ。

表 3-2 水准测量观测值

观测号	观测高差/m	路线长度/km	观测号	观测高差/m	路线长度/km
1	1.359	1	5	0.657	1
2	2.009	1	6	1.000	1
3	11.363	2	7	1.650	2
4	10.364	2	—	—	—

14. 在图 3-9 所示的水准网中,已知点 $H_A = 10.000$ m,观测各点间的高差为 $h_1 = 1.015$ m,$h_2 = -12.570$ m,$h_3 = 6.161$ m,$h_4 = -11.563$ m,$h_5 = 6.414$ m,设 $\boldsymbol{Q} = \boldsymbol{I}$。试按间接平差法求:

(1)待定点 P_1、P_2、P_3 的高程平差值。

(2)平差后 P_1 至 P_3 点间高差平差值及中误差。

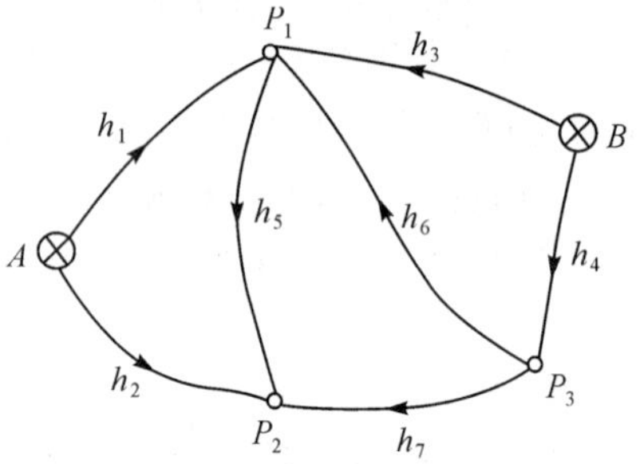

图 3-8 水准网示意 8

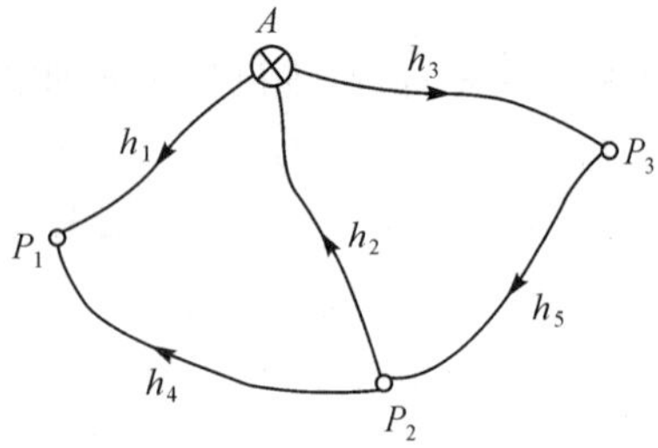

图 3-9 水准网示意 9

技能测试答案

1. 各类水准路线测量平差依据是最小二乘法。

2. 在水准网的条件平差中,条件方程的个数等于多余观测的个数。

3. 根据列出的条件方程系数阵,可求得

$$\boldsymbol{N}_{aa} = \boldsymbol{AQA}^{\mathrm{T}} = \boldsymbol{AP}^{-1}\boldsymbol{A}^{\mathrm{T}}$$

则可列出法方程为

$$\boldsymbol{N}_{aa}\boldsymbol{K} + \boldsymbol{W} = \boldsymbol{0}$$

4. 间接平差时,参数的个数等于必要观测个数,且参数间独立。误差方程的个数等于观测值的总数,与参数的选择没有关系。

5. 在平差中,$\boldsymbol{V}^{\mathrm{T}}\boldsymbol{PV}$ 的计算公式为

$$\boldsymbol{V}^{\mathrm{T}}\boldsymbol{PV} = (\boldsymbol{QA}^{\mathrm{T}}\boldsymbol{K})^{\mathrm{T}}\boldsymbol{P}(\boldsymbol{QA}^{\mathrm{T}}\boldsymbol{K}) = \boldsymbol{K}^{\mathrm{T}}\boldsymbol{AQPQA}^{\mathrm{T}}\boldsymbol{K} = \boldsymbol{K}^{\mathrm{T}}\boldsymbol{N}_{aa}\boldsymbol{K}$$

或

$$\boldsymbol{V}^{\mathrm{T}}\boldsymbol{PV} = \boldsymbol{V}^{\mathrm{T}}\boldsymbol{P}(\boldsymbol{QA}^{\mathrm{T}}\boldsymbol{K}) = \boldsymbol{V}^{\mathrm{T}}\boldsymbol{PQA}^{\mathrm{T}}\boldsymbol{K} = (\boldsymbol{AV})^{\mathrm{T}}\boldsymbol{K} = -\boldsymbol{W}^{\mathrm{T}}\boldsymbol{K} = \boldsymbol{W}^{\mathrm{T}}\boldsymbol{N}_{aa}^{-1}\boldsymbol{W}$$

则

$$\hat{\sigma}_0^2 = \frac{V^T PV}{r} = \frac{V^T PV}{n-t}$$

$$\hat{\sigma}_0 = \sqrt{\frac{V^T PV}{r}} = \sqrt{\frac{V^T PV}{n-t}}$$

平差值函数的协因数为

$$Q_{ZZ} = F^T QF - F^T Q_{VV} F = F^T (Q - Q_{VV}) F = F^T Q_{\hat{L}\hat{L}} F$$

或者

$$Q_{ZZ} = F^T QF - F^T QA^T N_{aa}^{-1} AQF = F^T QF - (AQF)^T N_{aa}^{-1} (AQF)$$

在间接平差中，$V^T PV$ 的计算公式为

$$\begin{aligned} V^T PV &= (B\hat{x} - l)^T P (B\hat{x} - l) \\ &= \hat{x}^T B^T PB\hat{x} - \hat{x}^T B^T Pl - l^T PB\hat{x} + l^T Pl \\ &= (N_{bb}^{-1} W)^T N_{bb} (N_{bb}^{-1} W) - (N_{bb}^{-1} W)^T W - W^T (N_{bb}^{-1} W) + l^T Pl \\ &= l^T Pl - W^T N_{bb}^{-1} W \\ &= l^T Pl - (N_{bb} \hat{x})^T \hat{x} \\ &= l^T Pl - \hat{x}^T N_{bb} \hat{x} \end{aligned}$$

而平差值函数的协因数

$$\frac{1}{p_Z} = F^T Q_{\hat{X}\hat{X}} F$$

6. 当平差问题中不存在多余观测时，无法用条件平差进行处理，也无法用间接平差处理。

7. 解：图 3-1(a)中，由于 $n=t$，$r=0$，故此题无条件方程。

图 3-1(b)中，$r = n - t = 1 - 0 = 1$，可列出 1 个条件方程为

$$H_A + \hat{h}_1 - H_B = 0$$

图 3-1(c)中，$r = n - t = 2 - 1 = 1$，可列出 1 个条件方程为

$$H_A + \hat{h}_1 + \hat{h}_2 - H_B = 0$$

图 3-1(d)中，$r = n - t = 4 - 2 = 2$，可列出 2 个条件方程为

$$\begin{cases} H_A + \hat{h}_1 + \hat{h}_2 - \hat{h}_4 - H_B = 0 \\ \hat{h}_2 - \hat{h}_3 = 0 \end{cases}$$

图 3-2(a)中，$r = n - t = 5 - 2 = 3$，可列出 3 个条件方程为

$$\begin{cases} H_A + \hat{h}_1 + \hat{h}_4 - H_B = 0 \\ \hat{h}_1 - \hat{h}_2 + \hat{h}_3 = 0 \\ \hat{h}_3 - \hat{h}_4 + \hat{h}_5 = 0 \end{cases}$$

图 3-2(b)中，$r = n - t = 8 - 4 = 4$，可列出 4 个条件方程为

$$\begin{cases}\hat{h}_1-\hat{h}_5+\hat{h}_6=0\\\hat{h}_2-\hat{h}_6+\hat{h}_7=0\\\hat{h}_3-\hat{h}_7+\hat{h}_8=0\\\hat{h}_4+\hat{h}_5-\hat{h}_8=0\end{cases}$$

图 3-2(c)中，$r=n-t=8$，可列出 8 个条件方程为

$$\begin{cases}\hat{h}_1-\hat{h}_{15}+\hat{h}_{16}=0\\\hat{h}_2-\hat{h}_{14}+\hat{h}_{15}=0\\\hat{h}_{12}-\hat{h}_{13}-\hat{h}_{14}=0\\\hat{h}_3-\hat{h}_{10}+\hat{h}_{12}=0\\\hat{h}_4-\hat{h}_9+\hat{h}_{10}=0\\\hat{h}_5+\hat{h}_8+\hat{h}_9=0\\\hat{h}_6+\hat{h}_7-\hat{h}_8=0\\\hat{h}_3+\hat{h}_4-\hat{h}_{11}=0\end{cases}$$

8. 解：(a) $r=n-t=6-3=3$，可列出 3 个条件方程为

$$\begin{cases}v_1+v_2+v_6+(h_1+h_2+h_6)=0\\v_2-v_3-v_5+(h_2-h_3-h_5)=0\\v_1+v_4+v_5+(h_1+h_4+h_5)=0\end{cases}$$

(b) $r=n-t=9-4=5$，可列出 5 个条件方程为

$$\begin{cases}v_2+v_4+(H_A+h_2+h_4-H_B)=0\\v_1-v_2-v_3+(h_1-h_2-h_3)=0\\v_3-v_4+v_5+(h_3-h_4+h_5)=0\\v_5-v_6+v_7+(h_5-h_6+h_7)=0\\v_6-v_8+v_9+(h_6-h_8+h_9)=0\end{cases}$$

9. 解：(1)条件平差法。

本题中，$n=6$，$t=3$，$r=n-t=6-3=3$，可列出 3 个条件方程为

$$\begin{cases}H_A+\hat{h}_1+\hat{h}_5-\hat{h}_6-H_C=0\\H_A+\hat{h}_1+\hat{h}_2+\hat{h}_3-H_B=0\\\hat{h}_2+\hat{h}_4-\hat{h}_5=0\end{cases}$$

即

$$\begin{cases}v_1+v_5-v_6=0\\v_1+v_2+v_3+7=0\\v_2+v_4-v_5-6=0\end{cases}$$

$$A=\begin{pmatrix}1&0&0&0&1&-1\\1&1&1&0&0&0\\0&1&0&1&-1&0\end{pmatrix},\quad W=\begin{pmatrix}0\\7\\-6\end{pmatrix}\text{mm}$$

令 $c=2$，根据 $p_i=\dfrac{c}{S_i}$，得

$$p_1=\frac{c}{S_1}=1,\ p_2=\frac{c}{S_2}=1,\ p_3=\frac{c}{S_3}=2,\ p_4=\frac{c}{S_4}=1,\ p_5=\frac{c}{S_5}=0.8,\ p_6=\frac{c}{S_6}=1$$

即

$$P=\begin{bmatrix}1&0&0&0&0&0\\0&1&0&0&0&0\\0&0&2&0&0&0\\0&0&0&1&0&0\\0&0&0&0&0.8&0\\0&0&0&0&0&1\end{bmatrix}$$

则由

$$Q=P^{-1}=\begin{bmatrix}1&0&0&0&0&0\\0&1&0&0&0&0\\0&0&0.5&0&0&0\\0&0&0&1&0&0\\0&0&0&0&1.25&0\\0&0&0&0&0&1\end{bmatrix}$$

可得法方程系数阵为

$$N_{aa}=AQA^{\mathrm{T}}=\begin{bmatrix}3.25&1&-1.25\\1&2.5&1\\-1.25&1&3.25\end{bmatrix}$$

$$N_{aa}^{-1}=\frac{1}{13.5}\begin{bmatrix}7.125&-4.5&4.125\\-4.5&9&-4.5\\4.125&-4.5&7.125\end{bmatrix}$$

则

$$K=-N_{aa}^{-1}W=\begin{bmatrix}4.2\\-6.7\\5.5\end{bmatrix}$$

可得

$$V=\begin{bmatrix}-2.50\\-1.17\\-3.33\\5.50\\-1.67\\-4.17\end{bmatrix}\text{mm}$$

观测值的平差值为

$$\hat{\boldsymbol{h}}=\begin{bmatrix}1.0975\\2.3968\\0.1967\\1.0055\\3.4023\\3.3478\end{bmatrix}\text{m}$$

因此有

$$\hat{\boldsymbol{H}}=\begin{bmatrix}H_{P_1}\\H_{P_2}\\H_{P_3}\end{bmatrix}=\begin{bmatrix}6.0975\\8.4943\\9.4998\end{bmatrix}\text{m}$$

检核：

$$H_A+\hat{h}_1+\hat{h}_5-\hat{h}_6-H_C=5.000+1.0975+3.4023-3.3478-6.152=0$$

故知以上平差计算无误。

(2)间接平差法。

$n=6,t=3$，令$\hat{X}_1=H_{P_1},\hat{X}_2=H_{P_2},\hat{X}_3=H_{P_3}$，得

$$\begin{cases}\hat{X}_1=X_1^0+\hat{x}_1=H_A+h_1+\hat{x}_1\\\hat{X}_2=X_2^0+\hat{x}_2=H_B-h_3+\hat{x}_2\\\hat{X}_3=X_3^0+\hat{x}_3=H_C+h_6+\hat{x}_3\end{cases}$$

则误差方程为

$$\begin{cases}h_1+v_1=\hat{X}_1-H_A\\h_2+v_2=\hat{X}_2-\hat{X}_1\\h_3+v_3=H_B-\hat{X}_2\\h_4+v_4=\hat{X}_3-\hat{X}_2\\h_5+v_5=\hat{X}_3-\hat{X}_1\\h_6+v_6=\hat{X}_3-H_C\end{cases}$$

$$\begin{bmatrix}v_1\\v_2\\v_3\\v_4\\v_5\\v_6\end{bmatrix}=\boldsymbol{B}\hat{\boldsymbol{x}}-\boldsymbol{l}=\begin{bmatrix}1&0&0\\-1&1&0\\0&-1&0\\0&-1&1\\-1&0&1\\0&0&1\end{bmatrix}\begin{bmatrix}\hat{x}_1\\\hat{x}_2\\\hat{x}_3\end{bmatrix}-\begin{bmatrix}0\\7\\0\\-13\\0\\0\end{bmatrix}$$

其中，$\boldsymbol{l}$的单位为毫米(mm)。

根据$P_i=\frac{c}{S_i}$，令$c=2$，则

$$P=\begin{bmatrix}1&0&0&0&0&0\\0&1&0&0&0&0\\0&0&2&0&0&0\\0&0&0&1&0&0\\0&0&0&0&0.8&0\\0&0&0&0&0&1\end{bmatrix}$$

法方程系数阵为

$$N_{bb}=B^{\mathrm{T}}PB$$

$$=\begin{bmatrix}1&-1&0&0&-1&0\\0&0&0&1&1&1\\0&1&-1&-1&0&0\end{bmatrix}\begin{bmatrix}1&0&0&0&0&0\\0&1&0&0&0&0\\0&0&2&0&0&0\\0&0&0&1&0&0\\0&0&0&0&0.8&0\\0&0&0&0&0&1\end{bmatrix}\begin{bmatrix}1&0&0\\-1&1&0\\0&-1&0\\0&-1&1\\-1&0&1\\0&0&1\end{bmatrix}$$

$$=\begin{bmatrix}2.8&-1&-0.8\\-1&4&-1\\-0.8&-1&2.8\end{bmatrix}$$

又有

$$W=B^{\mathrm{T}}Pl$$

$$=\begin{bmatrix}1&-1&0&0&-1&0\\0&0&0&1&1&1\\0&1&-1&-1&0&0\end{bmatrix}\begin{bmatrix}1&0&0&0&0&0\\0&1&0&0&0&0\\0&0&2&0&0&0\\0&0&0&1&0&0\\0&0&0&0&0.8&0\\0&0&0&0&0&1\end{bmatrix}\begin{bmatrix}0\\7\\0\\-13\\0\\0\end{bmatrix}=\begin{bmatrix}-7\\20\\-13\end{bmatrix}$$

$$N_{bb}^{-1}=\begin{bmatrix}0.472\,222&0.166\,667&0.194\,444\\0.166\,667&0.333\,333&0.166\,667\\0.194\,444&0.166\,667&0.472\,222\end{bmatrix}$$

由此得

$$\hat{x}=N_{bb}^{-1}W=\begin{bmatrix}-2.50\\3.33\\-4.17\end{bmatrix}\text{ mm}$$

$$\hat{X}=X^0+\hat{x}=\begin{bmatrix}6.097\,5\\8.494\,3\\9.499\,8\end{bmatrix}\text{ m}$$

10. 解：(1)本题中，$n=7$，$t=4$，$r=3$。选取 1 个参数，P_2 点高程为 $\hat{X}_1$，即 $\hat{H}_{P_2}=\hat{X}_1=X_1^0+\hat{x}_1$，取 $X_1^0=H_A+h_1+h_7=12.052$ m，则可得 4 个条件方程为

$$\begin{cases}\hat{h}_1+\hat{h}_2+\hat{h}_3=0\\ \hat{h}_3+\hat{h}_4+\hat{h}_5=0\\ \hat{h}_5+\hat{h}_6+\hat{h}_7=0\\ \hat{H}_A+\hat{h}_1+\hat{h}_7-\hat{X}_1=0\end{cases}$$

即

$$\begin{bmatrix}1&1&1&0&0&0&0\\0&0&1&1&1&0&0\\0&0&0&0&1&1&1\\1&0&0&0&0&0&1\end{bmatrix}\begin{bmatrix}v_1\\v_2\\v_3\\v_4\\v_5\\v_6\\v_7\end{bmatrix}+\begin{bmatrix}0\\0\\0\\-1\end{bmatrix}\hat{x}_1+\begin{bmatrix}4\\6\\-8\\0\end{bmatrix}=0$$

$$\boldsymbol{A}=\begin{bmatrix}1&1&1&0&0&0&0\\0&0&1&1&1&0&0\\0&0&0&0&1&1&1\\1&0&0&0&0&0&1\end{bmatrix},\quad \boldsymbol{B}=\begin{bmatrix}0\\0\\0\\-1\end{bmatrix},\quad \boldsymbol{W}=\begin{bmatrix}4\\6\\-8\\0\end{bmatrix}\text{mm}$$

根据 $p_i=\dfrac{c}{S_i}$，可得

$$\boldsymbol{P}=\begin{bmatrix}1&0&0&0&0&0&0\\0&1&0&0&0&0&0\\0&0&2&0&0&0&0\\0&0&0&1&0&0&0\\0&0&0&0&2&0&0\\0&0&0&0&0&1&0\\0&0&0&0&0&0&1\end{bmatrix},\quad \boldsymbol{Q}=\begin{bmatrix}1&0&0&0&0&0&0\\0&1&0&0&0&0&0\\0&0&0.5&0&0&0&0\\0&0&0&1&0&0&0\\0&0&0&0&0.5&0&0\\0&0&0&0&0&1&0\\0&0&0&0&0&0&1\end{bmatrix}$$

可得法方程系数阵为

$$\boldsymbol{N}_{aa}=\boldsymbol{AQA}^{\mathrm{T}}=\begin{bmatrix}2.5&0.5&0&1\\0.5&2&0.5&0\\0&0.5&2.5&1\\1&0&1&2\end{bmatrix}$$

$$\boldsymbol{N}_{aa}^{-1}=\begin{bmatrix}0.6&-0.2&0.2&-0.4\\-0.2&0.6&-0.2&0.2\\0.2&-0.2&0.6&-0.4\\-0.4&0.2&-0.4&0.9\end{bmatrix}$$

又有

$$\boldsymbol{N}_{bb}=\boldsymbol{B}^{\mathrm{T}}\boldsymbol{N}_{aa}^{-1}\boldsymbol{B}=\begin{bmatrix}0.4&-0.2&0.4&-0.9\end{bmatrix}\begin{bmatrix}0\\0\\0\\-1\end{bmatrix}=0.9$$

可得

$$N_{bb}^{-1}=1.111\,111$$

(2)根据附有参数的条件平差法,得到

$$\begin{bmatrix} N_{aa} & B \\ B^{\mathrm{T}} & 0 \end{bmatrix}\begin{bmatrix} K \\ \hat{x} \end{bmatrix}+\begin{bmatrix} W \\ 0 \end{bmatrix}=0$$

因此,法方程为

$$\begin{bmatrix} 2.5 & 0.5 & 0 & 1 & 0 \\ 0.5 & 2 & 0.5 & 0 & 0 \\ 0 & 0.5 & 2.5 & 1 & 0 \\ 1 & 0 & 1 & 2 & -1 \\ 0 & 0 & 0 & -1 & 0 \end{bmatrix}\begin{bmatrix} k_1 \\ k_2 \\ k_3 \\ k_4 \\ \hat{x}_1 \end{bmatrix}+\begin{bmatrix} 4 \\ 6 \\ -8 \\ 0 \\ 0 \end{bmatrix}=0$$

(3)观测值的改正数及平差值为

$$\begin{aligned} \hat{x}_1 &= \hat{x}=-N_{bb}^{-1}B^{\mathrm{T}}N_{aa}^{-1}W \\ &=-1.111\,111\times(-2.8)=3.111\,111\ \mathrm{mm} \end{aligned}$$

根据

$$V=-QA^{\mathrm{T}}N_{aa}^{-1}(W+B\hat{x})$$

得

$$V=\begin{bmatrix} -3.96 \\ 1.64 \\ -1.69 \\ -5.02 \\ 0.71 \\ 6.44 \\ 0.84 \end{bmatrix}\mathrm{mm},\quad \hat{h}=\begin{bmatrix} 1.266\,0 \\ -3.378\,4 \\ 2.112\,3 \\ 1.608\,0 \\ -3.720\,3 \\ 2.937\,4 \\ 0.782\,8 \end{bmatrix}\mathrm{m}$$

(4)单位权中误差的计算如下。

$$\hat{\sigma}_0^2=\frac{V^{\mathrm{T}}PV}{r}=\frac{92.533\,3}{3}=30.844\,4\ (\mathrm{mm})^2$$

$$\hat{\sigma}_0=5.6\ \mathrm{mm}$$

$$Q_{\hat{x}_1\hat{x}_1}=Q_{\hat{X}\hat{X}}=N_{bb}^{-1}=1.111\,111$$

$$\sigma_{\hat{x}_1}=\sigma_0\sqrt{Q_{\hat{x}_1\hat{x}_1}}=5.6\times\sqrt{1.111\,1}=5.9\ \mathrm{mm}$$

11. 解:由题意可知 $n=3,t=1$,令 $\hat{X}_1=H_D$,取 $\hat{X}_1=X_1^0+\hat{x}_1=H_A+h_1+\hat{x}_1=56.996+\hat{x}_1$,列出误差方程为

$$\begin{cases} h_1+v_1=\hat{X}_1-H_A \\ h_2+v_2=\hat{X}_1-H_B \\ h_3+v_3=\hat{X}_1-H_C \end{cases}$$

可得

$$\begin{bmatrix} v_1 \\ v_2 \\ v_3 \end{bmatrix} = \boldsymbol{B}\hat{\boldsymbol{x}} - \boldsymbol{l} = \begin{bmatrix} 1 \\ 1 \\ 1 \end{bmatrix} \hat{x}_1 - \begin{bmatrix} 0 \\ 20 \\ 6 \end{bmatrix}, \quad \boldsymbol{P} = \begin{bmatrix} 1 & 0 & 0 \\ 0 & 2 & 0 \\ 0 & 0 & 1 \end{bmatrix}$$

其中，$\boldsymbol{l}$ 的单位为毫米(mm)。

法方程系数阵为

$$\begin{aligned} \boldsymbol{N}_{bb} &= \boldsymbol{B}^{\mathrm{T}}\boldsymbol{P}\boldsymbol{B} \\ &= \begin{bmatrix} 1 & 1 & 1 \end{bmatrix} \begin{bmatrix} 1 & 0 & 0 \\ 0 & 2 & 0 \\ 0 & 0 & 1 \end{bmatrix} \begin{bmatrix} 1 \\ 1 \\ 1 \end{bmatrix} = 4 \end{aligned}$$

又有

$$\begin{aligned} \boldsymbol{W} &= \boldsymbol{B}^{\mathrm{T}}\boldsymbol{P}\boldsymbol{l} \\ &= \begin{bmatrix} 1 & 1 & 1 \end{bmatrix} \begin{bmatrix} 1 & 0 & 0 \\ 0 & 2 & 0 \\ 0 & 0 & 1 \end{bmatrix} \begin{bmatrix} 0 \\ 20 \\ 6 \end{bmatrix} = 46 \text{ mm} \end{aligned}$$

由此得

$$\boldsymbol{N}_{bb}^{-1} = \frac{1}{4}$$

$$\hat{x}_1 = \hat{\boldsymbol{x}} = \boldsymbol{N}_{bb}^{-1}\boldsymbol{W} = 11.5 \text{ mm}$$

$$\hat{X}_1 = X_1^0 + \hat{x}_1 = 57.007\,5 \text{ m}$$

根据

$$\boldsymbol{V} = \boldsymbol{B}\hat{\boldsymbol{x}} - \boldsymbol{l} = \begin{bmatrix} 11.5 \\ -8.5 \\ 5.5 \end{bmatrix} \text{ mm}$$

$$\hat{\sigma}_0 = \sqrt{\frac{\boldsymbol{V}^{\mathrm{T}}\boldsymbol{P}\boldsymbol{V}}{n-t}} = \sqrt{\frac{307}{2}} = 12.4 \text{ mm}$$

可得

$$\hat{\sigma}_{H_D} = \hat{\sigma}_0\sqrt{\frac{1}{p_D}} = 12.4\sqrt{\frac{1}{4}} = 6.2 \text{ mm}$$

12. 解：(1)条件平差法。

本题中，$n=6$，$t=3$，$r=n-t=3$，可列出 3 个条件方程为

$$\begin{cases} \hat{h}_2 + \hat{h}_4 - \hat{h}_5 = 0 \\ H_B + \hat{h}_1 + \hat{h}_2 - \hat{h}_3 - H_C = 0 \\ H_B + \hat{h}_1 + \hat{h}_5 - \hat{h}_6 - H_A = 0 \end{cases}$$

即

$$\begin{cases} v_2 + v_4 - v_5 - 3 = 0 \\ v_1 + v_2 - v_3 + 93 = 0 \\ v_1 + v_5 - v_6 - 1 = 0 \end{cases}$$

式中闭合差单位为毫米(mm)。

令 $c=4$,根据 $p_i=\frac{c}{S_i}$,得

$$p_1=\frac{c}{S_1}=1,\ p_2=\frac{c}{S_2}=2,\ p_3=\frac{c}{S_3}=1,\ p_4=\frac{c}{S_4}=2,\ p_5=\frac{c}{S_5}=2,\ p_6=\frac{c}{S_6}=1,$$

即

$$\boldsymbol{P}=\begin{bmatrix}1&0&0&0&0&0\\0&2&0&0&0&0\\0&0&1&0&0&0\\0&0&0&2&0&0\\0&0&0&0&2&0\\0&0&0&0&0&1\end{bmatrix},\quad \boldsymbol{Q}=\begin{bmatrix}1&0&0&0&0&0\\0&0.5&0&0&0&0\\0&0&1&0&0&0\\0&0&0&0.5&0&0\\0&0&0&0&0.5&0\\0&0&0&0&0&1\end{bmatrix}$$

可得法方程系数阵为

$$\boldsymbol{N}_{aa}=\boldsymbol{AQA}^{\mathrm{T}}=\begin{bmatrix}1.5&0.5&-0.5\\0.5&2.5&1\\-0.5&1&2.5\end{bmatrix}$$

$$\boldsymbol{N}_{aa}^{-1}=\begin{bmatrix}0.8571&-0.2857&0.2857\\-0.2857&0.5714&-0.2857\\0.2857&-0.2857&0.5714\end{bmatrix}$$

则

$$\boldsymbol{K}=-\boldsymbol{N}_{aa}^{-1}\boldsymbol{W}=\begin{bmatrix}29.4\\-54.3\\28\end{bmatrix}$$

可得

$$\boldsymbol{V}=\begin{bmatrix}-26.3\\-12.4\\54.3\\14.7\\-0.7\\-28\end{bmatrix}\text{mm},\quad \hat{\boldsymbol{h}}=\begin{bmatrix}1.0737\\3.3866\\0.2543\\1.0167\\4.4033\\3.4240\end{bmatrix}\text{m}$$

因此有

$$\hat{\boldsymbol{H}}=\begin{bmatrix}\hat{H}_{P_1}\\\hat{H}_{P_2}\\\hat{H}_{P_3}\end{bmatrix}=\begin{bmatrix}54.0207\\57.4073\\58.4240\end{bmatrix}\text{m}$$

检核:

$$\hat{h}_2+\hat{h}_4-\hat{h}_5=3.3866+1.0167-4.4033=0$$

故知以上平差计算无误。

(2)间接平差法。

本题中，$n=6$，$t=3$，令$\hat{X}_1=H_{P_1}$，$\hat{X}_2=H_{P_2}$，$\hat{X}_3=H_{P_3}$，得

$$\begin{cases}\hat{X}_1=X_1^0+\hat{x}_1=H_B+h_1+\hat{x}_1=54.047+\hat{x}_1\\ \hat{X}_2=X_2^0+\hat{x}_2=H_C+h_3+\hat{x}_2=57.353+\hat{x}_2\\ \hat{X}_3=X_3^0+\hat{x}_3=H_A+h_6+\hat{x}_3=58.452+\hat{x}_3\end{cases}$$

则误差方程为

$$\begin{cases}h_1+v_1=\hat{X}_1-H_B\\ h_2+v_2=\hat{X}_2-\hat{X}_1\\ h_3+v_3=\hat{X}_2-H_C\\ h_4+v_4=\hat{X}_3-\hat{X}_2\\ h_5+v_5=\hat{X}_3-\hat{X}_1\\ h_6+v_6=\hat{X}_3-H_A\end{cases}$$

$$\begin{bmatrix}v_1\\v_2\\v_3\\v_4\\v_5\\v_6\end{bmatrix}=\boldsymbol{B}\hat{\boldsymbol{x}}-\boldsymbol{l}=\begin{bmatrix}1&0&0\\-1&1&0\\0&1&0\\0&-1&1\\-1&0&1\\0&0&1\end{bmatrix}\begin{bmatrix}\hat{x}_1\\\hat{x}_2\\\hat{x}_3\end{bmatrix}-\begin{bmatrix}0\\93\\0\\-97\\-1\\0\end{bmatrix}\text{mm}$$

其中，$\boldsymbol{l}$ 的单位为毫米(mm)。

根据 $p=\frac{c}{S_i}$，令 $c=2$，则

$$\boldsymbol{P}=\begin{bmatrix}1&0&0&0&0&0\\0&2&0&0&0&0\\0&0&1&0&0&0\\0&0&0&2&0&0\\0&0&0&0&2&0\\0&0&0&0&0&1\end{bmatrix},\quad \boldsymbol{Q}=\begin{bmatrix}1&0&0&0&0&0\\0&0.5&0&0&0&0\\0&0&1&0&0&0\\0&0&0&0.5&0&0\\0&0&0&0&0.5&0\\0&0&0&0&0&1\end{bmatrix}$$

法方程系数阵为

$$\boldsymbol{N}_{bb}=\boldsymbol{B}^{\mathrm{T}}\boldsymbol{PB}$$

$$=\begin{bmatrix}1&-1&0&0&-1&0\\0&1&1&-1&0&0\\0&0&0&1&1&1\end{bmatrix}\begin{bmatrix}1&0&0&0&0&0\\0&2&0&0&0&0\\0&0&1&0&0&0\\0&0&0&2&0&0\\0&0&0&0&2&0\\0&0&0&0&0&1\end{bmatrix}\begin{bmatrix}1&0&0\\-1&1&0\\0&1&0\\0&-1&1\\-1&0&1\\0&0&1\end{bmatrix}=$$

$$\begin{bmatrix} 5 & -2 & -2 \\ -2 & 5 & -2 \\ -2 & -2 & 5 \end{bmatrix}$$

又有

$$\boldsymbol{W}=\boldsymbol{B}^{\mathrm{T}}\boldsymbol{P}\boldsymbol{l}$$

$$=\begin{bmatrix} 1 & -1 & 0 & 0 & -1 & 0 \\ 0 & 1 & 1 & -1 & 0 & 0 \\ 0 & 0 & 0 & 1 & 1 & 1 \end{bmatrix}\begin{bmatrix} 1 & 0 & 0 & 0 & 0 & 0 \\ 0 & 2 & 0 & 0 & 0 & 0 \\ 0 & 0 & 1 & 0 & 0 & 0 \\ 0 & 0 & 0 & 2 & 0 & 0 \\ 0 & 0 & 0 & 0 & 2 & 0 \\ 0 & 0 & 0 & 0 & 0 & 1 \end{bmatrix}\begin{bmatrix} 0 \\ 93 \\ 0 \\ -97 \\ -1 \\ 0 \end{bmatrix}$$

$$=\begin{bmatrix} -184 \\ 38 \\ -196 \end{bmatrix}\text{mm}$$

$$\boldsymbol{N}_{bb}^{-1}=\frac{1}{7}\begin{bmatrix} 3 & 2 & 2 \\ 2 & 3 & 2 \\ 2 & 2 & 3 \end{bmatrix}$$

由此得

$$\hat{\boldsymbol{x}}=\boldsymbol{N}_{bb}^{-1}\boldsymbol{W}=\begin{bmatrix} -26.3 \\ 54.3 \\ -28.0 \end{bmatrix}\text{mm}$$

$$\hat{\boldsymbol{X}}=\begin{bmatrix} H_{P_1} \\ H_{P_2} \\ H_{P_3} \end{bmatrix}=\begin{bmatrix} 54.047 \\ 57.353 \\ 58.452 \end{bmatrix}+\begin{bmatrix} -0.0263 \\ 0.0543 \\ -0.0280 \end{bmatrix}=\begin{bmatrix} 54.0207 \\ 57.4073 \\ 58.4240 \end{bmatrix}\text{m}$$

则

$$\boldsymbol{V}=\boldsymbol{B}\hat{\boldsymbol{x}}-\boldsymbol{l}=\begin{bmatrix} -26.3 \\ -12.4 \\ 54.3 \\ 14.7 \\ -0.7 \\ -28 \end{bmatrix}\text{mm}$$

13. 解：由题意得条件平差 $n=7$，$t=3$，$r=n-t=4$，可列出 4 个条件方程为

$$\begin{cases} \hat{h}_1-\hat{h}_2+\hat{h}_5=0 \\ \hat{h}_5+\hat{h}_6-\hat{h}_7=0 \\ -\hat{h}_3+\hat{h}_4+\hat{h}_6=0 \\ H_A+\hat{h}_1-\hat{h}_3-H_B=0 \end{cases}$$

即

$$\begin{cases} v_1 - v_2 + v_5 + 7 = 0 \\ v_5 + v_6 - v_7 + 7 = 0 \\ -v_3 + v_4 + v_6 + 1 = 0 \\ v_1 - v_3 - 4 = 0 \end{cases}$$

式中闭合差单位为毫米(mm)。

令 $c = 2$,根据 $p_i = \dfrac{c}{S_i}$,得

$$\boldsymbol{P} = \begin{bmatrix} 2 & 0 & 0 & 0 & 0 & 0 & 0 \\ 0 & 2 & 0 & 0 & 0 & 0 & 0 \\ 0 & 0 & 1 & 0 & 0 & 0 & 0 \\ 0 & 0 & 0 & 1 & 0 & 0 & 0 \\ 0 & 0 & 0 & 0 & 2 & 0 & 0 \\ 0 & 0 & 0 & 0 & 0 & 2 & 0 \\ 0 & 0 & 0 & 0 & 0 & 0 & 1 \end{bmatrix}$$

则法方程系数阵为

$$\boldsymbol{N}_{aa} = \boldsymbol{AQA}^{\mathrm{T}} = \begin{bmatrix} 1.5 & 0.5 & 0 & 0.5 \\ 0.5 & 2 & 0.5 & 0 \\ 0 & 0.5 & 2.5 & 1 \\ 0.5 & 0 & 1 & 1.5 \end{bmatrix}$$

由

$$\boldsymbol{N}_{aa}^{-1} = \begin{bmatrix} 0.9213 & -0.2921 & 0.2472 & -0.4719 \\ -0.2921 & 0.6292 & -0.2247 & 0.2472 \\ 0.2472 & -0.2247 & 0.6517 & -0.5168 \\ -0.4719 & 0.2472 & -0.5168 & 1.1685 \end{bmatrix}$$

$$\boldsymbol{Q} = \boldsymbol{P}^{-1} = \begin{bmatrix} 0.5 & 0 & 0 & 0 & 0 & 0 & 0 \\ 0 & 0.5 & 0 & 0 & 0 & 0 & 0 \\ 0 & 0 & 1 & 0 & 0 & 0 & 0 \\ 0 & 0 & 0 & 1 & 0 & 0 & 0 \\ 0 & 0 & 0 & 0 & 0.5 & 0 & 0 \\ 0 & 0 & 0 & 0 & 0 & 0.5 & 0 \\ 0 & 0 & 0 & 0 & 0 & 0 & 1 \end{bmatrix}$$

$$\boldsymbol{K} = -\boldsymbol{N}_{aa}^{-1}\boldsymbol{W} = \begin{bmatrix} -6.539 \\ -1.146 \\ -2.876 \\ 6.794 \end{bmatrix}$$

可得

$$\boldsymbol{V}=\boldsymbol{Q}\boldsymbol{A}^{\mathrm{T}}\boldsymbol{K}=\begin{bmatrix}0.112\\3.270\\-3.888\\-2.876\\-3.843\\-2.011\\1.146\end{bmatrix}\mathrm{mm}$$

$$\hat{\boldsymbol{h}}=\boldsymbol{h}+\boldsymbol{V}=\begin{bmatrix}1.3591\\2.0123\\11.3591\\10.3611\\0.6532\\0.9980\\1.6511\end{bmatrix}\mathrm{m}$$

由

$$\hat{\sigma}_0=\sqrt{\frac{\boldsymbol{V}^{\mathrm{T}}\boldsymbol{P}\boldsymbol{V}}{n-t}}=\sqrt{\frac{83.7303}{4}}=4.58\ \mathrm{mm}$$

$$\boldsymbol{Q}_{\hat{h}\hat{h}}=\boldsymbol{Q}-\boldsymbol{Q}\boldsymbol{A}^{\mathrm{T}}\boldsymbol{N}_{aa}^{-1}\boldsymbol{A}\boldsymbol{Q}$$

$$=\begin{bmatrix}0.2135&0.1124&0.2135&0.1348&-0.1011&0.0787&-0.0225\\0.1124&0.2697&0.1124&0.1236&0.1573&-0.0112&0.1461\\0.2135&0.1124&0.2135&0.1348&-0.1011&0.0787&-0.0225\\0.1348&0.1236&0.1348&0.3483&-0.0112&-0.2135&-0.2247\\-0.1011&0.1573&-0.1011&-0.0112&0.2584&-0.0899&0.1685\\0.0787&-0.0112&0.0787&-0.2135&-0.0899&0.2921&0.2022\\-0.0225&0.1461&-0.0225&-0.2247&0.1685&0.2022&0.3708\end{bmatrix}$$

$$\hat{\sigma}_{P_1P_2}=\hat{\sigma}_0\sqrt{Q_{\hat{h}_5\hat{h}_5}}=4.58\sqrt{0.2584}=2.33\ \mathrm{mm}$$

14.解:(1)由题意得,$n=5,t=3$,令$\hat{X}_1=H_{P_1},\hat{X}_2=H_{P_2},\hat{X}_3=H_{P_3}$,得

$$\begin{cases}\hat{X}_1=X_1^0+\hat{x}_1=H_A+h_1+\hat{x}_1=11.015+\hat{x}_1\\\hat{X}_2=X_2^0+\hat{x}_2=H_A-h_2+\hat{x}_2=22.570+\hat{x}_2\\\hat{X}_3=X_3^0+\hat{x}_3=H_A+h_3+\hat{x}_3=16.161+\hat{x}_3\end{cases}$$

可列出误差方程为

$$\begin{cases}h_1+v_1=\hat{X}_1-H_A\\h_2+v_2=H_A-\hat{X}_2\\h_3+v_3=\hat{X}_3-H_A\\h_4+v_4=\hat{X}_1-\hat{X}_2\\h_5+v_5=\hat{X}_2-\hat{X}_3\end{cases}$$

即

$$\begin{bmatrix} v_1 \\ v_2 \\ v_3 \\ v_4 \\ v_5 \end{bmatrix} = \boldsymbol{B}\hat{\boldsymbol{x}} - \boldsymbol{l} = \begin{bmatrix} 1 & 0 & 0 \\ 0 & -1 & 0 \\ 0 & 0 & 1 \\ 1 & -1 & 0 \\ 0 & 1 & -1 \end{bmatrix} \begin{bmatrix} \hat{x}_1 \\ \hat{x}_2 \\ \hat{x}_3 \end{bmatrix} \begin{bmatrix} 0 \\ 0 \\ 0 \\ -8 \\ 5 \end{bmatrix}, \quad \boldsymbol{P} = \boldsymbol{I}$$

其中,$\boldsymbol{l}$ 的单位为毫米(mm)。

法方程系数阵为

$$\boldsymbol{N}_{bb} = \boldsymbol{B}^{\mathrm{T}}\boldsymbol{P}\boldsymbol{B}$$

$$= \begin{bmatrix} 1 & 0 & 0 & 1 & 0 \\ 0 & -1 & 0 & -1 & 1 \\ 0 & 0 & 1 & 0 & -1 \end{bmatrix} \begin{bmatrix} 1 & 0 & 0 & 0 & 0 \\ 0 & 1 & 0 & 0 & 0 \\ 0 & 0 & 1 & 0 & 0 \\ 0 & 0 & 0 & 1 & 0 \\ 0 & 0 & 0 & 0 & 1 \end{bmatrix} \begin{bmatrix} 1 & 0 & 0 \\ 0 & -1 & 0 \\ 0 & 0 & 1 \\ 1 & -1 & 0 \\ 0 & 1 & -1 \end{bmatrix}$$

$$= \begin{bmatrix} 2 & -1 & 0 \\ -1 & 3 & -1 \\ 0 & -1 & 2 \end{bmatrix}$$

又有

$$\boldsymbol{W} = \boldsymbol{B}^{\mathrm{T}}\boldsymbol{P}\boldsymbol{l}$$

$$= \begin{bmatrix} 1 & 0 & 0 & 1 & 0 \\ 0 & -1 & 0 & -1 & 1 \\ 0 & 0 & 1 & 0 & -1 \end{bmatrix} \begin{bmatrix} 1 & 0 & 0 & 0 & 0 \\ 0 & 1 & 0 & 0 & 0 \\ 0 & 0 & 1 & 0 & 0 \\ 0 & 0 & 0 & 1 & 0 \\ 0 & 0 & 0 & 0 & 1 \end{bmatrix} \begin{bmatrix} 0 \\ 0 \\ 0 \\ -8 \\ 5 \end{bmatrix} = \begin{bmatrix} -8 \\ 13 \\ -5 \end{bmatrix}$$

$$\boldsymbol{N}_{bb}^{-1} = \begin{bmatrix} 0.625 & 0.250 & 0.125 \\ 0.250 & 0.500 & 0.250 \\ 0.125 & 0.250 & 0.625 \end{bmatrix}$$

由此得

$$\hat{\boldsymbol{x}} = \boldsymbol{N}_{bb}^{-1}\boldsymbol{W} = \begin{bmatrix} -2.38 \\ 3.25 \\ -0.88 \end{bmatrix} \text{mm}$$

$$\hat{\boldsymbol{X}} = \begin{bmatrix} \hat{H}_{P_1} \\ \hat{H}_{P_2} \\ \hat{H}_{P_3} \end{bmatrix} = \begin{bmatrix} 11.015 \\ 22.570 \\ 16.161 \end{bmatrix} + \begin{bmatrix} -0.002\,38 \\ 0.003\,25 \\ 0.000\,88 \end{bmatrix} = \begin{bmatrix} 11.012\,6 \\ 22.573\,2 \\ 16.160\,1 \end{bmatrix} \text{m}$$

(2)由以上计算结果可得

$$\boldsymbol{V}=\boldsymbol{B}\hat{\boldsymbol{x}}-\boldsymbol{l}=\begin{bmatrix}-2.375\\-3.250\\-0.875\\2.375\\-0.875\end{bmatrix}$$

$$\hat{\boldsymbol{h}}=\boldsymbol{h}+\boldsymbol{V}=\begin{bmatrix}1.0126\\-12.5733\\6.1601\\-11.5606\\6.4131\end{bmatrix}\text{m}$$

$$\hat{\sigma}_0=\sqrt{\frac{\boldsymbol{V}^{\mathrm{T}}\boldsymbol{P}\boldsymbol{V}}{n-t}}=\sqrt{\frac{23.375}{2}}=3.4\ \text{mm}$$

平差后 P_1 至 P_3 点间的高差平差值为

$$\hat{h}_{P_1P_3}=\hat{X}_3-\hat{X}_1=16.1601-11.0126=5.1475\ \text{m}$$

因为

$$h_{P_1P_2}=-\hat{X}_1+\hat{X}_3=\begin{bmatrix}-1 & 0 & 1\end{bmatrix}\begin{bmatrix}\hat{X}_1\\\hat{X}_2\\\hat{X}_3\end{bmatrix}=\boldsymbol{F}^{\mathrm{T}}\hat{\boldsymbol{X}}$$

所以根据协因数传播律得

$$Q_{h_{P_1P_3}}=\boldsymbol{F}^{\mathrm{T}}\boldsymbol{Q}_{XX}\boldsymbol{F}=\begin{bmatrix}-1 & 0 & 1\end{bmatrix}\boldsymbol{N}_{bb}^{-1}\begin{bmatrix}-1\\0\\1\end{bmatrix}=1$$

$$\hat{\sigma}_{h_{P_1P_3}}=\hat{\sigma}_0\sqrt{Q_{h_{P_1P_3}}}=3.4\ \text{mm}$$

第4章　二维平面控制网测量平差

§4.1　知识点汇编

4.1.1　附合导线条件平差中的条件方程

1. 附合导线的条件方程

附合导线包含3个条件方程，即1个方位角附合条件和2个坐标附合条件。

方位角附合条件为

$$v_{\beta_1}+v_{\beta_2}+v_{\beta_3}+\cdots+v_{\beta_n}+v_{\beta_{n+1}}+w_{\alpha}=0$$

其中

$$w_{\alpha}=\alpha_{AB}+\sum_{i=1}^{n+1}\beta_i\pm n\times 180^{\circ}-\alpha_{CD}$$

坐标附合条件为

$$\begin{cases}\sum_{i=1}^{n}\cos\alpha_i v_{S_i}-\dfrac{1}{\rho''}\sum_{i=1}^{n}(y_{n+1}-y_i)v_{\beta_i}+w_x=0\\ \sum_{i=1}^{n}\sin\alpha_i v_{S_i}+\dfrac{1}{\rho''}\sum_{i=1}^{n}(x_{n+1}-x_i)v_{\beta_i}+w_y=0\end{cases}$$

2. 边角权的确定

权的确定公式为

$$p_{\beta}=\frac{\hat{\sigma}_0^2}{\hat{\sigma}_{\beta}^2},\quad p_S=\frac{\hat{\sigma}_0^2}{\hat{\sigma}_S^2}$$

一般取 $\hat{\sigma}_0=\hat{\sigma}_{\beta}$，则

$$p_{\beta}=1,\quad p_S=\frac{\sigma_{\beta}^2}{\sigma_S^2}$$

3. 附合导线的精度评定

(1)单位权中误差为

$$\hat{\sigma}_0=\sqrt{\frac{[pvv]}{r}}=\sqrt{\frac{[p_{\beta}v_{\beta}v_{\beta}]+[p_S v_S v_S]}{r}}$$

(2)测边中误差的计算公式为

$$\hat{\sigma}_{S_i}=\hat{\sigma}_0\sqrt{\frac{1}{p_{S_i}}}$$

(3)点坐标平差值的权函数式为

$$\begin{cases} v_{f_{X_i}} = \sum_{j=1}^{i} \cos\alpha_j v_{S_j} - \sum_{j=1}^{i} \frac{y_i - y_j}{\rho''} v_{\beta_j} \\ v_{f_{Y_i}} = \sum_{j=1}^{i} \sin\alpha_j v_{S_j} + \sum_{j=1}^{i} \frac{x_i - x_j}{\rho''} v_{\beta_j} \end{cases}$$

闭合导线坐标条件为

$$\begin{cases} \sum_{i=1}^{n} \cos\alpha_i v_{S_i} - \frac{1}{\rho''} \sum_{i=1}^{n} (y_{n+1} - y_i) v_{\beta_i} + w_x = 0 \\ \sum_{i=1}^{n} \sin\alpha_i v_{S_i} + \frac{1}{\rho''} \sum_{i=1}^{n} (x_{n+1} - x_i) v_{\beta_i} + w_y = 0 \end{cases}$$

其中

$$w_x = \sum_{i=1}^{n} \Delta x_i = x_{n+1} - x_1$$

$$w_y = \sum_{i=1}^{n} \Delta y_i = y_{n+1} - y_1$$

4.1.2　三角形网间接平差中的误差方程

1. 角度误差方程

如图 4-1 所示，角度观测值 L_i 的误差方程为

$$v_i = \rho''\left[\frac{\Delta Y_{jh}^0}{(S_{jh}^0)^2} - \frac{\Delta Y_{jk}^0}{(S_{jk}^0)^2}\right]\hat{x}_j - \rho''\left[\frac{\Delta X_{jh}^0}{(S_{jh}^0)^2} - \frac{\Delta X_{jk}^0}{(S_{jk}^0)^2}\right]\hat{y}_j - \rho''\frac{\Delta Y_{jh}^0}{(S_{jh}^0)^2}\hat{x}_h + \rho''\frac{\Delta X_{jh}^0}{(S_{jh}^0)^2}\hat{y}_h + \rho''\frac{\Delta Y_{jk}^0}{(S_{jk}^0)^2}\hat{x}_k - \rho''\frac{\Delta X_{jk}^0}{(S_{jk}^0)^2}\hat{y}_k - l_i$$

2. 测边误差方程

如图 4-2 所示，测边坐标误差方程的一般形式为

$$v_{S_i} = -\frac{\Delta X_{jk}^0}{S_{jk}^0}\hat{x}_j - \frac{\Delta Y_{jk}^0}{S_{jk}^0}\hat{y}_j + \frac{\Delta X_{jk}^0}{S_{jk}^0}\hat{x}_k + \frac{\Delta Y_{jk}^0}{S_{jk}^0}\hat{y}_k - l_i$$

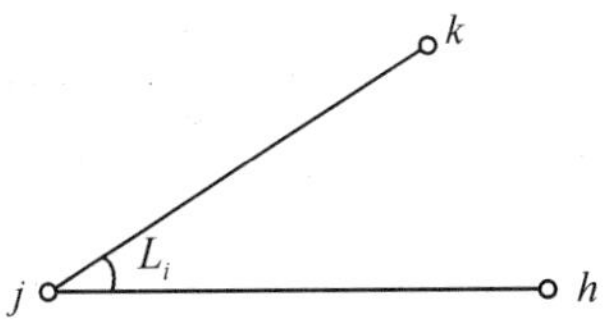

图 4-1　角度平差示意

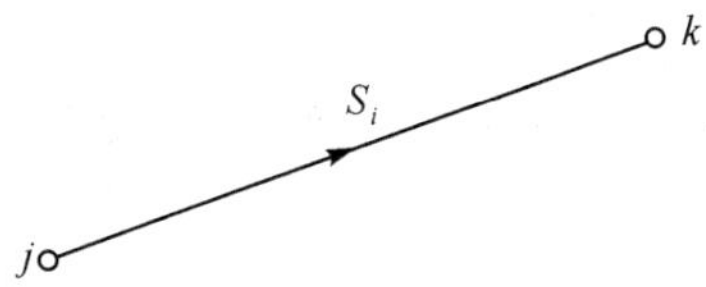

图 4-2　边长平差示意

3. 参数近似值计算

(1)如图 4-3 所示，测角网近似坐标计算公式(余切公式)为

$$\begin{cases} X_P = \dfrac{X_A \cot\beta + X_B \cot\alpha + (Y_B - Y_A)}{\cot\alpha + \cot\beta} \\ Y_P = \dfrac{Y_A \cot\beta + Y_B \cot\alpha + (X_A - X_B)}{\cot\alpha + \cot\beta} \end{cases}$$

(2)如图 4-4 所示，测边网近似坐标计算公式为

$$l=\frac{L_1^2+\overline{AB}^2-L_2^2}{2\,\overline{AB}},\quad h=\sqrt{L_1^2-l^2},\quad \cos\alpha_{AB}=\frac{X_B-X_A}{\overline{AB}},\quad \sin\alpha_{AB}=\frac{Y_B-Y_A}{\overline{AB}}$$

待定点 D 的坐标的近似值为

$$\begin{cases}X_D^0=X_A+l\cos\alpha_{AB}+h\sin\alpha_{AB}\\Y_D^0=Y_A+l\sin\alpha_{AB}-h\cos\alpha_{AB}\end{cases}$$

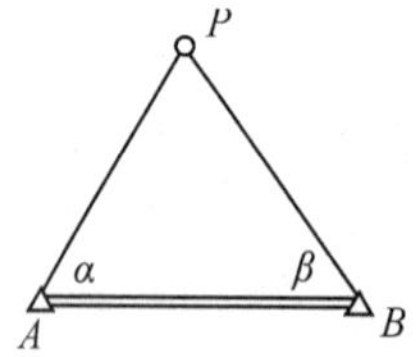

图 4-3 余切公式近似坐标计算

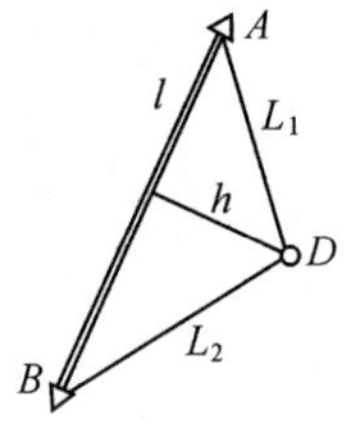

图 4-4 测边网近似坐标计算

§4.2 技能测试

1. 独立测角网由哪些条件构成？

2. 角度观测值按坐标平差，其误差方程式如何建立？试写出角度误差方程的一般形式。

3. 边长观测值按坐标平差，其误差方程式如何建立？试写出边长误差方程的一般形式。

4. 对既有边长观测值又有角度观测值的平面控制网按间接平差法平差，如何确定两类不同类型观测值的权？

5. 对同一平差问题，采用条件平差和间接平差，获得的结果是否相同？

6. 试用文字符号列出图 4-5 中各三角网的条件方程式。

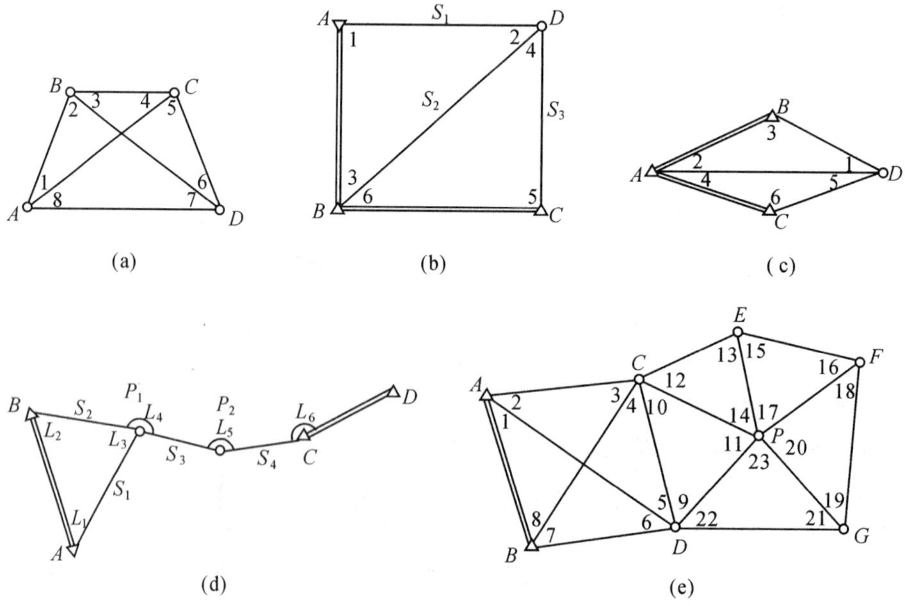

图 4-5 各种不同的三角网

7. 图 4-6 的测角三角网，各观测值为

$L_1=66°59'22''$，$L_2=39°20'51''$，$L_3=67°49'42''$，$L_4=40°48'53''$，$L_5=47°31'05''$，

$L_6=56°08'43''$，$L_7=58°57'21''$，$L_8=64°43'27''$，$L_9=31°48'48''$，$L_{10}=65°51'43''$，

$L_{11}=73°39'33''$，$L_{12}=71°21'32''$，$L_{13}=76°19'44''$，$L_{14}=56°19'36''$，$L_{15}=82°19'22''$

试按条件平差法求观测值的平差值，并求出单位权中误差。

8. 同精度测得如图 4-7 中的 3 条边长，其结果为

$$L_1=387.363\ \text{m},\quad L_2=306.065\ \text{m},\quad L_3=354.862\ \text{m}$$

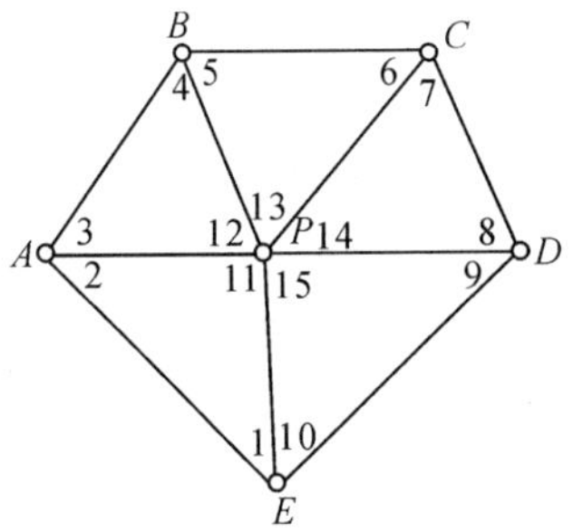

图 4-6　测角网示意 1

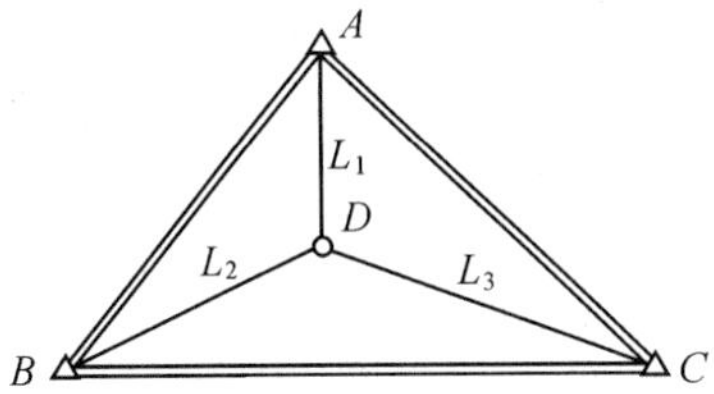

图 4-7　测边网示意 1

已知点 A、B、C 的起算数据列于表 4-1。试列出误差方程并求平差值。

表 4-1　起算数据

点名	坐标 X/m	坐标 Y/m	边长 S/m	方位角 α/(° ′ ″)
A	2 692.201	5 203.153	—	—
			603.608	186　44　26.4
B	2 092.765	5 132.304		
			545.984	77　32　13.3
C	2 210.593	5 665.422		
			667.562	316　10　25.6
A	—	—	—	—

9. 有闭合导线如图 4-8 所示，观测 4 条边长和 5 个左转折角，已知测角中误差 $\sigma_\beta=1''$，边长中误差 $\sigma_{S_i}=0.2\sqrt{S_i}$ mm，计算（S_i 以米为单位），起算数据为

$$X_A=X_B=2\,272.045\ \text{m}$$

$$Y_A=Y_B=5\,071.330\ \text{m}$$

$$\alpha_A=224°04'09''$$

$$\alpha_B=44°04'09''$$

观测值见表 4-2。试按间接平差：

(1) 列出条件方程和法方程。

(2) 求改正数和平差值。

(3) 求导线点 P_2、P_3、P_4 的坐标平差值。

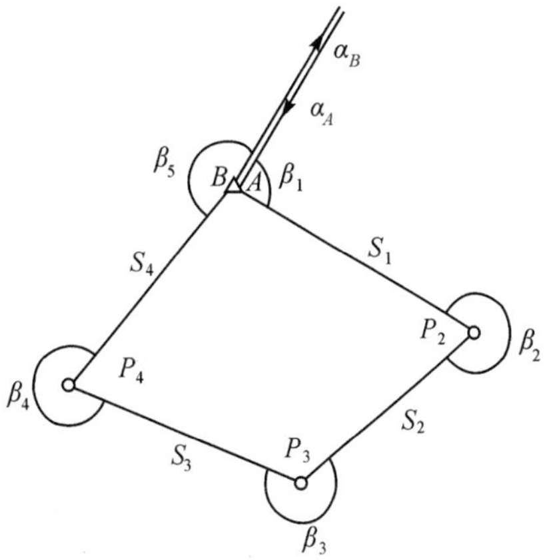

图 4-8　闭合导线

表 4-2 观测值

角名	坐标方位角/(° ′ ″)	边名	边长/m
β_1	92 49 45	S_1	505.195
β_2	316 43 55	S_2	312.482
β_3	205 08 26	S_3	272.717
β_4	284 35 24	S_4	300.595
β_5	180 42 33	—	—

10. 如图 4-9 的测角网中，A、B、C 为已知三角点，P 点为待定点，起算数据及观测值见表 4-3、表 4-4。试用坐标平差法求待定点 P 的坐标值及其点位中误差。

表 4-3 起算数据

点名	坐标		坐标方位角/(° ′ ″)	边长/m
	X/m	Y/m		
A	8 864.53	5 392.58	45 16 38.0	—
				6 751.24
B	13 615.22	10 189.47	149 19 03.0	
				8 250.04
C	6 520.12	14 399.3	284 35 24.0	
				9 306.84
A	—	—	—	—

表 4-4 角度观测值

角名	角值/(° ′ ″)	角名	角值/(° ′ ″)	角名	角值/(° ′ ″)
1	106 50 42	4	28 26 12	7	33 40 50
2	30 52 47	5	127 48 39	8	125 20 38
3	42 16 40	6	23 45 11	9	20 58 25

11. 在图 4-10 的测边网中，A、B 点为已知点，C、D 点为待定点。已知点坐标为 $A(0,0)$，$B(22\ 141.335,0)$，单位为米(m)，同精度测得边长观测值为

$$S_1 = 27\ 908.062\ \text{m},\quad S_2 = 20\ 044.592\ \text{m}$$
$$S_3 = 36\ 577.034\ \text{m},\quad S_4 = 20\ 480.046\ \text{m}$$
$$S_5 = 29\ 402.438\ \text{m}$$

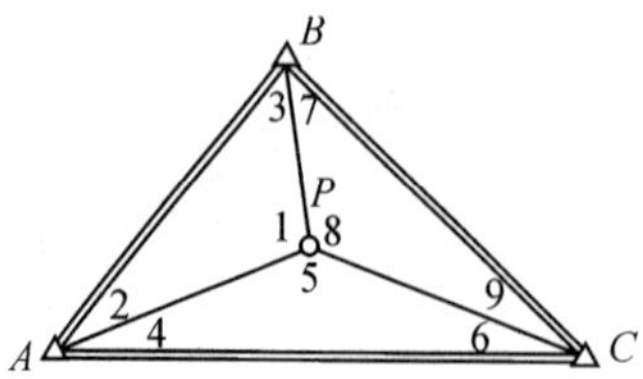

图 4-9 测角网示意 2

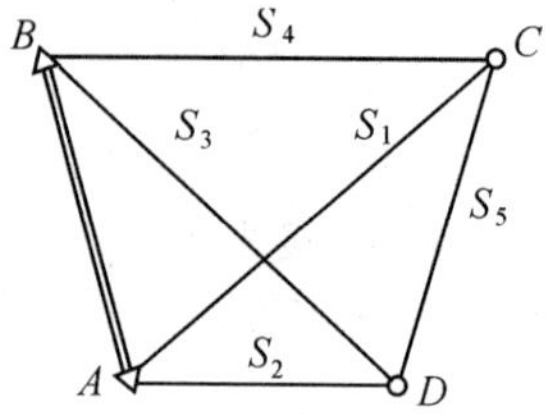

图 4-10 测边网示意 2

设待定点的近似坐标为

$$X_C^0 = 19\,187.335\ \text{m},\quad Y_C^0 = 20\,265.887\ \text{m}$$

$$X_D^0 = -10\,068.386\ \text{m},\quad Y_D^0 = 17\,332.434\ \text{m}$$

试按间接平差求 C、D 点坐标平差值及其协因数阵。

技能测试答案

1. 独立测角网由图形条件、圆周条件、极条件构成。

2. 角度误差方程

$$v_i = \rho''\left[\frac{\Delta Y_{jh}^0}{(S_{jh}^0)^2} - \frac{\Delta Y_{jk}^0}{(S_{jk}^0)^2}\right]\hat{x}_j - \rho''\left[\frac{\Delta X_{jh}^0}{(S_{jh}^0)^2} - \frac{\Delta X_{jk}^0}{(S_{jk}^0)^2}\right]\hat{y}_j - \rho''\frac{\Delta Y_{jh}^0}{(S_{jh}^0)^2}\hat{x}_h + \rho''\frac{\Delta X_{jh}^0}{(S_{jh}^0)^2}\hat{y}_h + \rho''\frac{\Delta Y_{jk}^0}{(S_{jk}^0)^2}\hat{x}_k - \rho''\frac{\Delta X_{jk}^0}{(S_{jk}^0)^2}\hat{y}_k - l_i$$

3. 边长误差方程

$$v_{S_i} = -\frac{\Delta X_{jk}^0}{S_{jk}^0}\hat{x}_j - \frac{\Delta Y_{jk}^0}{S_{jk}^0}\hat{y}_j + \frac{\Delta X_{jk}^0}{S_{jk}^0}\hat{x}_k + \frac{\Delta Y_{jk}^0}{S_{jk}^0}\hat{y}_k - l_i$$

4. 权的确定

$$p_\beta = \frac{\hat{\sigma}_0^2}{\hat{\sigma}_\beta^2},\quad p_S = \frac{\hat{\sigma}_0^2}{\hat{\sigma}_S^2}$$

一般取 $\hat{\sigma}_0 = \hat{\sigma}_\beta$ 则

$$p_\beta = 1,\quad p_S = \frac{\sigma_\beta^2}{\sigma_S^2}$$

5. 对同一平差问题，采用条件平差和间接平差，获得的结果是相同的。

6. 解：(a) $n = 8, t = 4, r = n - t = 4$，则有

$$\begin{cases} \hat{L}_1 + \hat{L}_2 + \hat{L}_7 + \hat{L}_8 - 180 = 0 \\ \hat{L}_3 + \hat{L}_4 + \hat{L}_5 + \hat{L}_6 - 180 = 0 \\ \hat{L}_5 + \hat{L}_6 + \hat{L}_7 + \hat{L}_8 - 180 = 0 \\ \dfrac{\sin\hat{L}_1 \sin\hat{L}_3 \sin\hat{L}_5 \sin\hat{L}_7}{\sin\hat{L}_2 \sin\hat{L}_4 \sin\hat{L}_6 \sin\hat{L}_8} = 1 \end{cases}$$

(b) $n = 9, t = 2, r = n - t = 7$，则有

$$\begin{cases}\hat{L}_1+\hat{L}_2+\hat{L}_3-180=0\\ \hat{L}_4+\hat{L}_5+\hat{L}_6-180=0\\ \alpha_{BC}-\alpha_{BA}-\hat{L}_3-\hat{L}_6=0\\ \dfrac{\sin\hat{L}_2}{S_{AB}}=\dfrac{\sin\hat{L}_1}{\hat{S}_2}\\ \dfrac{\sin\hat{L}_2}{S_{AB}}=\dfrac{\sin\hat{L}_3}{\hat{S}_1}\\ \dfrac{\sin\hat{L}_4}{S_{BC}}=\dfrac{\sin\hat{L}_6}{\hat{S}_3}\\ \dfrac{\sin\hat{L}_4}{S_{BC}}=\dfrac{\sin\hat{L}_5}{\hat{S}_2}\end{cases}$$

(c) $n=6, t=2, r=n-t=4$，则有

$$\begin{cases}\hat{L}_1+\hat{L}_2+\hat{L}_3-180=0\\ \hat{L}_4+\hat{L}_5+\hat{L}_6-180=0\\ \alpha_{AC}-\alpha_{AB}-\hat{L}_2-\hat{L}_4=0\\ \alpha_{BA}-\hat{L}_3-\hat{L}_1-\hat{L}_5-\hat{L}_6-\alpha_{CA}\pm 2\times 180=0\end{cases}$$

(d) $n=10, t=4, r=n-t=6$，则有

$$\begin{cases}\hat{L}_1+\hat{L}_2+\hat{L}_3-180=0\\ \dfrac{\sin\hat{L}_3}{S_{AB}}=\dfrac{\sin\hat{L}_2}{\hat{S}_1}\\ \dfrac{\sin\hat{L}_3}{S_{AB}}=\dfrac{\sin\hat{L}_1}{\hat{S}_2}\\ \alpha_{BA}-\hat{L}_2+\hat{L}_4+\hat{L}_5+\hat{L}_6-\alpha_{CD}\pm 3\times 180=0\\ X_B+\hat{S}_2\cos(\alpha_{BA}-\hat{L}_2)+\hat{S}_3\cos(\alpha_{BA}-\hat{L}_2\pm 180+\hat{L}_4)+\\ \qquad\hat{S}_4\cos(\alpha_{BA}-\hat{L}_2+\hat{L}_4+\hat{L}_5\pm 2\times 180)-X_C=0\\ Y_B+\hat{S}_2\sin(\alpha_{BA}-\hat{L}_2)+\hat{S}_3\sin(\alpha_{BA}-\hat{L}_2\pm 180+\hat{L}_4)+\\ \qquad\hat{S}_4\cos(\alpha_{BA}-\hat{L}_2+\hat{L}_4+\hat{L}_5\pm 2\times 180)-Y_C=0\end{cases}$$

(e) $n=23, t=12, r=n-t=11$，则有

$$
\begin{cases}
\hat{L}_1+\hat{L}_6+\hat{L}_7+\hat{L}_8-180=0\\
\hat{L}_2+\hat{L}_3+\hat{L}_4+\hat{L}_5-180=0\\
\hat{L}_4+\hat{L}_5+\hat{L}_6+\hat{L}_7-180=0\\
\hat{L}_{11}+\hat{L}_{14}+\hat{L}_{17}+\hat{L}_{20}+\hat{L}_{23}-360=0\\
\hat{L}_9+\hat{L}_{10}+\hat{L}_{11}-180=0\\
\hat{L}_{12}+\hat{L}_{13}+\hat{L}_{14}-180=0\\
\hat{L}_{15}+\hat{L}_{16}+\hat{L}_{17}-180=0\\
\hat{L}_{18}+\hat{L}_{19}+\hat{L}_{20}-180=0\\
\hat{L}_{21}+\hat{L}_{22}+\hat{L}_{23}-180=0\\
\dfrac{\sin\hat{L}_1\sin\hat{L}_3\sin\hat{L}_5\sin\hat{L}_7}{\sin\hat{L}_2\sin\hat{L}_4\sin\hat{L}_6\sin\hat{L}_8}=1\\
\dfrac{\sin\hat{L}_{10}\sin\hat{L}_{13}\sin\hat{L}_{16}\sin\hat{L}_{19}\sin\hat{L}_{22}}{\sin\hat{L}_9\sin\hat{L}_{12}\sin\hat{L}_{15}\sin\hat{L}_{18}\sin\hat{L}_{21}}=1
\end{cases}
$$

7. 解：由条件平差得 $n=15, t=8, r=7$，则平差值条件方程为

$$
\begin{cases}
\hat{L}_1+\hat{L}_2+\hat{L}_{11}-180=0\\
\hat{L}_3+\hat{L}_4+\hat{L}_{12}-180=0\\
\hat{L}_5+\hat{L}_6+\hat{L}_{13}-180=0\\
\hat{L}_7+\hat{L}_8+\hat{L}_{14}-180=0\\
\hat{L}_9+\hat{L}_{10}+\hat{L}_{15}-180=0\\
\hat{L}_{11}+\hat{L}_{12}+\hat{L}_{13}+\hat{L}_{14}+\hat{L}_{15}-360=0\\
\dfrac{\sin\hat{L}_2\sin\hat{L}_4\sin\hat{L}_6\sin\hat{L}_8\sin\hat{L}_{10}}{\sin\hat{L}_1\sin\hat{L}_3\sin\hat{L}_5\sin\hat{L}_7\sin\hat{L}_9}=1
\end{cases}
$$

改正数条件方程为

$$
\begin{cases}
v_1+v_2+v_{11}-14=0\\
v_3+v_4+v_{12}+7=0\\
v_5+v_6+v_{13}-28=0\\
v_7+v_8+v_{14}+24=0\\
v_9+v_{10}+v_{15}-7=0\\
v_{11}+v_{12}+v_{13}+v_{14}+v_{15}-13=0\\
-0.425v_1+1.220v_2-0.408v_3+1.158v_4-0.916v_5+0.671v_6-0.602v_7+\\
\quad 0.472v_8-1.612v_9+0.448v_{10}+52.811=0
\end{cases}
$$

其中，前 6 式的闭合差的单位为角秒(″)。由

$$A=\begin{bmatrix} 1 & 1 & 0 & 0 & 0 & 0 & 0 & 0 & 0 & 0 & 1 & 0 & 0 & 0 & 0\\ 0 & 0 & 1 & 1 & 0 & 0 & 0 & 0 & 0 & 0 & 0 & 1 & 0 & 0 & 0\\ 0 & 0 & 0 & 0 & 1 & 1 & 0 & 0 & 0 & 0 & 0 & 0 & 1 & 0 & 0\\ 0 & 0 & 0 & 0 & 0 & 0 & 1 & 1 & 0 & 0 & 0 & 0 & 0 & 1 & 0\\ 0 & 0 & 0 & 0 & 0 & 0 & 0 & 0 & 1 & 1 & 0 & 0 & 0 & 0 & 1\\ 0 & 0 & 0 & 0 & 0 & 0 & 0 & 0 & 0 & 0 & 1 & 1 & 1 & 1 & 1\\ -0.425 & 1.220 & -0.408 & 1.158 & -0.916 & 0.671 & -0.602 & 0.472 & -1.612 & 0.448 & 0 & 0 & 0 & 0 & 0 \end{bmatrix}$$

可得法方程系数阵为

$$N_{aa}=AQA^{\mathrm{T}}=\begin{bmatrix} 3 & 0 & 0 & 0 & 0 & 1 & 0.795\\ 0 & 3 & 0 & 0 & 0 & 1 & 0.75\\ 0 & 0 & 3 & 0 & 0 & 1 & -0.245\\ 0 & 0 & 0 & 3 & 0 & 1 & -0.13\\ 0 & 0 & 0 & 0 & 3 & 1 & -1.164\\ 1 & 1 & 1 & 1 & 1 & 5 & 0\\ 0.795 & 0.750 & -0.245 & -0.130 & -1.164 & 0 & 7.848 \end{bmatrix}$$

又有

$$N_{aa}^{-1}=\begin{bmatrix} 0.3768 & 0.0428 & 0.0302 & 0.0317 & 0.0186 & -0.1000 & -0.0380\\ 0.0428 & 0.3756 & 0.0304 & 0.0318 & 0.0194 & -0.1000 & -0.0359\\ 0.0302 & 0.0304 & 0.3676 & 0.0338 & 0.0379 & -0.1000 & 0.0117\\ 0.0317 & 0.0318 & 0.0338 & 0.3669 & 0.0357 & -0.1000 & 0.0062\\ 0.0186 & 0.0194 & 0.0379 & 0.0357 & 0.3882 & -0.1000 & 0.0556\\ -0.1000 & -0.1000 & -0.1000 & -0.1000 & -0.1000 & 0.3000 & 0.0001\\ -0.0380 & -0.0359 & 0.0117 & 0.0062 & 0.0556 & 0.0001 & 0.1434 \end{bmatrix}$$

$$K=-N_{aa}^{-1}W=[5.8991 \quad -1.2092 \quad 8.0402 \quad -9.0134 \quad -1.1916 \quad 2.0950 \quad -7.2859]^{\mathrm{T}}$$

则

$$V=QA^{\mathrm{T}}K=\begin{bmatrix} 9.0\\ -3.0\\ 1.8\\ -9.6\\ 14.7\\ 3.2\\ -4.6\\ -12.5\\ 10.6\\ -4.5\\ 8.0\\ 0.9\\ 10.1\\ -6.9\\ 0.9 \end{bmatrix}^{\mathrm{T}}('')，\quad \hat{L}=L+V=\begin{bmatrix} 66°59'31.0''\\ 39°20'48.0''\\ 67°49'43.8''\\ 40°48'43.4''\\ 47°31'19.7''\\ 56°08'46.2''\\ 58°57'16.4''\\ 64°43'14.5''\\ 31°48'58.6''\\ 65°51'38.5''\\ 73°39'41.0''\\ 71°21'32.9''\\ 76°19'54.1''\\ 56°19'29.1''\\ 82°19'22.9'' \end{bmatrix}$$

$$\hat{\sigma}=\sqrt{\frac{\boldsymbol{V}^{\mathrm{T}}\boldsymbol{PV}}{r}}=\sqrt{\frac{936.1641}{7}}=11.6''$$

8. 解：设 $\hat{X}_D$、$\hat{Y}_D$，根据近似坐标计算可得

$$X_D^0=2\,326.259\ \mathrm{m},\quad Y_D^0=5\,330.183\ \mathrm{m}$$

列出误差方程为

$$\begin{cases} v_{L_1}=\dfrac{\Delta X_{AD}^0}{S_{AD}^0}\hat{x}_D+\dfrac{\Delta Y_{AD}^0}{S_{AD}^0}\hat{y}_D-(L_1-S_{AD}^0) \\ v_{L_2}=\dfrac{\Delta X_{BD}^0}{S_{BD}^0}\hat{x}_D+\dfrac{\Delta Y_{BD}^0}{S_{BD}^0}\hat{y}_D-(L_2-S_{BD}^0) \\ v_{L_3}=\dfrac{\Delta X_{CD}^0}{S_{CD}^0}\hat{x}_D+\dfrac{\Delta Y_{CD}^0}{S_{CD}^0}\hat{y}_D-(L_3-S_{CD}^0) \end{cases}$$

代入相关数据，得

$$\boldsymbol{V}=\begin{bmatrix}-0.9447 & 0.3279 \\ 0.7629 & 0.6765 \\ 0.3262 & -0.9453\end{bmatrix}\begin{bmatrix}\hat{x}_D \\ \hat{y}_D\end{bmatrix}-\begin{bmatrix}0.0001 \\ 0.0004 \\ -0.2301\end{bmatrix}$$

其中，闭合差的单位为米(m)。则有

$$\boldsymbol{N}_{bb}=\boldsymbol{B}^{\mathrm{T}}\boldsymbol{PB}=\begin{bmatrix}1.5808 & -0.1249 \\ -0.1249 & 1.4192\end{bmatrix}$$

$$\boldsymbol{N}_{bb}^{-1}=\begin{bmatrix}0.6370 & 0.0561 \\ 0.0561 & 0.7096\end{bmatrix}$$

$$\boldsymbol{W}=\boldsymbol{B}^{\mathrm{T}}\boldsymbol{Pl}=\begin{bmatrix}0.0754 \\ -0.2173\end{bmatrix}$$

可得

$$\hat{\boldsymbol{x}}=\boldsymbol{N}_{bb}^{-1}\boldsymbol{W}=\begin{bmatrix}0.0359 \\ -0.1499\end{bmatrix}\ \mathrm{m}$$

即 $\hat{X}_D=2\,326.295\ \mathrm{m}$，$\hat{Y}_D=5\,330.033\ \mathrm{m}$。

$$\boldsymbol{V}=\boldsymbol{B}\hat{\boldsymbol{x}}-\boldsymbol{l}=\begin{bmatrix}-0.0830 \\ -0.0700 \\ -0.7663\end{bmatrix}\ \mathrm{mm}$$

即 $\hat{S}_{AD}=387.280\ \mathrm{m}$，$\hat{S}_{BD}=305.995\ \mathrm{m}$，$\hat{S}_{CD}=354.555\ \mathrm{m}$。

9. 解：设参数$(\hat{X}_2,\hat{Y}_2)$，$(\hat{X}_3,\hat{Y}_3)$，$(\hat{X}_4,\hat{Y}_4)$为 P_2、P_3、P_4 号点的平差坐标值，根据观测角度和观测边长，按照导线方式求得各点的近似坐标为

$$\hat{X}_2=1\,903.181\ \mathrm{m},\quad \hat{Y}_2=5\,416.527\ \mathrm{m}$$

$$\hat{X}_3=1\,922.966\ \mathrm{m},\quad \hat{Y}_3=5\,104.672\ \mathrm{m}$$

$$\hat{X}_4=2\,054.227\ \mathrm{m},\quad \hat{Y}_4=4\,865.622\ \mathrm{m}$$

由题意可知

$$\sigma_\beta=\sigma_{\beta_2}=\sigma_{\beta_3}=\sigma_{\beta_4}=\sigma_{\beta_5}=1''$$

$$\sigma_{S_1}=0.2\sqrt{S_1}=0.2\sqrt{505.195}=4.5\text{ mm}$$

$$\sigma_{S_2}=0.2\sqrt{S_2}=0.2\sqrt{312.482}=3.5\text{ mm}$$

$$\sigma_{S_3}=0.2\sqrt{S_3}=0.2\sqrt{272.717}=3.3\text{ mm}$$

$$\sigma_{S_4}=0.2\sqrt{S_4}=0.2\sqrt{300.595}=3.5\text{ mm}$$

取 $\sigma_0=\sigma_\beta=1''$，则

$$p_{\beta_1}=p_{\beta_2}=p_{\beta_3}=p_{\beta_4}=p_{\beta_5}=1$$

$$p_{S_1}=\frac{\sigma_0^2}{\sigma_{S_1}^2}=\frac{1}{4.5^2}=0.049\,4\,\frac{('')^2}{\text{mm}^2}$$

$$p_{S_2}=\frac{\sigma_0^2}{\sigma_{S_2}^2}=\frac{1}{3.5^2}=0.081\,6\,\frac{('')^2}{\text{mm}^2}$$

$$p_{S_3}=\frac{\sigma_0^2}{\sigma_{S_3}^2}=\frac{1}{3.3^2}=0.091\,8\,\frac{('')^2}{\text{mm}^2}$$

$$p_{S_4}=\frac{\sigma_0^2}{\sigma_{S_4}^2}=\frac{1}{3.5^2}=0.081\,6\,\frac{('')^2}{\text{mm}^2}$$

可得条件方程为

$$v_{\beta_1}=-\rho''\frac{\Delta Y_{A2}^0}{(S_{A2}^0)^2}\hat{x}_2+\rho''\frac{\Delta X_{A2}^0}{(S_{A2}^0)^2}\hat{y}_2-(\beta_1-\beta_1^0)$$

$$=-187.66\,\hat{x}_2-174.390\,\hat{y}_2$$

$$v_{\beta_2}=\rho''\left[\frac{\Delta Y_{23}^0}{(S_{23}^0)^2}-\frac{\Delta Y_{2A}^0}{(S_{2A}^0)^2}\right]\hat{x}_2-\rho''\left[\frac{\Delta X_{23}^0}{(S_{23}^0)^2}-\frac{\Delta X_{2A}^0}{(S_{2A}^0)^2}\right]\hat{y}_2-$$

$$\rho''\frac{\Delta Y_{23}^0}{(S_{23}^0)^2}\hat{x}_3+\rho''\frac{\Delta X_{23}^0}{(S_{23}^0)^2}\hat{y}_3-(\beta_2-\beta_2^0)$$

$$=-379.780\,\hat{x}_2+256.313\,\hat{y}_2+765.568\,\hat{x}_3-4.942\,\hat{y}_3$$

$$v_{\beta_3}=\rho''\frac{\Delta Y_{32}^0}{(S_{32}^0)^2}\hat{x}_2-\rho''\frac{\Delta X_{32}^0}{(S_{32}^0)^2}\hat{y}_2+\rho''\left[\frac{\Delta Y_{34}^0}{(S_{34}^0)^2}-\frac{\Delta Y_{32}^0}{(S_{32}^0)^2}\right]\hat{x}_3-$$

$$\rho''\left[\frac{\Delta X_{34}^0}{(S_{34}^0)^2}-\frac{\Delta X_{32}^0}{(S_{32}^0)^2}\right]\hat{y}_3-\rho''\frac{\Delta Y_{34}^0}{(S_{34}^0)^2}\hat{x}_4+\rho''\frac{\Delta X_{34}^0}{(S_{34}^0)^2}\hat{y}_4-(\beta_3-\beta_3^0)$$

$$=658.761\,\hat{x}_2+41.795\,\hat{y}_2-1\,321.727\,\hat{x}_3-405.824\,\hat{y}_3+662.966\,\hat{x}_4+364.029\,\hat{y}_4$$

$$v_{\beta_4}=\rho''\frac{\Delta Y_{43}^0}{(S_{43}^0)^2}\hat{x}_3-\rho''\frac{\Delta X_{43}^0}{(S_{43}^0)^2}\hat{y}_3+\rho''\left[\frac{\Delta Y_{4B}^0}{(S_{4B}^0)^2}-\frac{\Delta Y_{43}^0}{(S_{43}^0)^2}\right]\hat{x}_4-$$

$$\rho''\left[\frac{\Delta X_{4B}^0}{(S_{4B}^0)^2}-\frac{\Delta X_{43}^0}{(S_{43}^0)^2}\right]\hat{y}_4-(\beta_4-\beta_4^0)$$

$$=662.965\,\hat{x}_3+364.029\,\hat{y}_3-190.258\,\hat{x}_4-864.563\,\hat{y}_4+5.06$$

$$v_{\beta_5}=\rho''\frac{\Delta Y_{54}^0}{(S_{54}^0)^2}\hat{x}_4-\rho''\frac{\Delta X_{54}^0}{(S_{54}^0)^2}\hat{y}_4-(\beta_5-\beta_5^0)$$

$$=-472.707\,\hat{x}_4+500.534\,\hat{y}_4-8.06$$

$$v_{S_1}=\frac{\Delta X_{A2}^0}{S_{A2}^0}\hat{x}_2+\frac{\Delta Y_{A2}^0}{S_{54}^0}\hat{y}_2-(S_1-S_1^0)$$

$$=-0.730\,\hat{x}_2+0.683\,\hat{y}_2$$

$$v_{S_2}=-\frac{\Delta X_{23}^0}{S_{23}^0}\hat{x}_2-\frac{\Delta Y_{23}^0}{S_{23}^0}\hat{y}_2+\frac{\Delta X_{23}^0}{S_{23}^0}\hat{x}_3+\frac{\Delta Y_{23}^0}{S_{23}^0}\hat{y}_3-(S_2-S_2^0)$$

$$=-0.063\hat{x}_2+0.998\hat{y}_2+0.063\hat{x}_3-0.998\hat{y}_3$$

$$v_{S_3}=-\frac{\Delta X_{34}^0}{S_{34}^0}\hat{x}_3-\frac{\Delta Y_{34}^0}{S_{34}^0}\hat{y}_3+\frac{\Delta X_{34}^0}{S_{34}^0}\hat{x}_4+\frac{\Delta Y_{34}^0}{S_{34}^0}\hat{y}_4-(S_3-S_3^0)$$

$$=-0.481\hat{x}_3+0.877\hat{y}_3+0.481\hat{x}_4-0.877\hat{y}_4$$

$$v_{S_4}=-\frac{\Delta X_{4B}^0}{S_{4B}^0}\hat{x}_4-\frac{\Delta Y_{4B}^0}{S_{4B}^0}\hat{y}_4-(S_4-S_4^0)$$

$$=-0.727\hat{x}_4-0.687\hat{y}_4-0.9944$$

$$\boldsymbol{V}=\boldsymbol{B}\hat{\boldsymbol{x}}-\boldsymbol{l}$$

$$=\begin{bmatrix}-187.660 & -174.390 & 0 & 0 & 0 & 0\\ -379.780 & 256.313 & 765.568 & -4.942 & 0 & 0\\ 658.761 & 41.795 & -1\,321.727 & -405.824 & 662.966 & 364.029\\ 0 & 0 & 662.965 & 364.029 & -190.258 & -864.563\\ 0 & 0 & 0 & 0 & -472.707 & 500.534\\ -0.730 & 0.683 & 0 & 0 & 0 & 0\\ -0.063 & 0.998 & 0.063 & -0.998 & 0 & 0\\ 0 & 0 & -0.481 & 0.877 & 0.481 & -0.877\\ 0 & 0 & 0 & 0 & -0.727 & -0.687\end{bmatrix}\begin{bmatrix}\hat{x}_2\\ \hat{y}_2\\ \hat{x}_3\\ \hat{y}_3\\ \hat{x}_4\\ \hat{y}_4\end{bmatrix}-\begin{bmatrix}0\\0\\0\\-5.06\\8.06\\0\\0\\0\\0.994\,4\end{bmatrix}$$

其中，$\boldsymbol{l}$ 的前 5 项单位为角秒(″)，其后 4 项单位为米(m)。由

$$\boldsymbol{N}_{bb}\hat{\boldsymbol{x}}-\boldsymbol{B}^{\mathrm{T}}\boldsymbol{Pl}=\boldsymbol{0}$$

$$\boldsymbol{N}_{bb}=\begin{bmatrix}613\,416.81 & -37\,083.547 & -1\,161\,450.78 & -265\,464.65 & 436\,736.14 & 239\,808.29\\ -37\,083.58 & 97\,857.45 & 140\,983.31 & -18\,229.11 & 27\,708.82 & 15\,214.69\\ -1\,161\,450.78 & 140\,983.31 & 2\,772\,580.83 & 773\,943.99 & -1\,002\,394.42 & -1\,054\,321.96\\ -265\,464.65 & -18\,229.11 & 773\,943.99 & 297\,236.63 & -338\,306.67 & -462\,458.57\\ 436\,736.14 & 27\,708.82 & -1\,002\,394.42 & -338\,306.67 & 699\,174.19 & 169\,223.27\\ 239\,808.29 & 15\,214.69 & -1\,054\,321.96 & -462\,458.57 & 169\,223.27 & 0.446\,62\end{bmatrix}$$

$$\boldsymbol{B}^{\mathrm{T}}\boldsymbol{Pl}=\begin{bmatrix}0\\0\\-3\,354.60\\-1\,841.99\\-2\,848.03\\8\,408.31\end{bmatrix}$$

可得

$$\begin{bmatrix}\hat{x}_2\\\hat{y}_2\\\hat{x}_3\\\hat{y}_3\\\hat{x}_4\\\hat{y}_4\end{bmatrix}=\begin{bmatrix}-0.1298\\0.1396\\-0.1125\\-0.2051\\-0.1570\\-0.1322\end{bmatrix}\text{m},\quad\begin{bmatrix}\hat{X}_2\\\hat{Y}_2\\\hat{X}_3\\\hat{Y}_3\\\hat{X}_4\\\hat{Y}_4\end{bmatrix}=\begin{bmatrix}1\,903.05\\5\,416.67\\1\,922.85\\5\,104.47\\2\,054.07\\4\,865.49\end{bmatrix}\text{m}$$

改正数为

$$\boldsymbol{V}=\begin{bmatrix}v_{\beta_1}\\v_{\beta_2}\\v_{\beta_3}\\v_{\beta_4}\\v_{\beta_5}\\v_{S_1}\\v_{S_2}\\v_{S_4}\\v_{S_4}\end{bmatrix}=\boldsymbol{B}\hat{\boldsymbol{x}}-\boldsymbol{l}=\begin{bmatrix}3.0\\-4.5\\-0.8\\3.1\\1.6\\0.1901\\0.3452\\-0.0854\\-0.7895\end{bmatrix}$$

其中,角度改正数的单位为角秒,边长改正数的单位为米。

因此,$\hat{\beta}_1=92°49'48''$,$\hat{\beta}_2=316°43'50.5''$,$\hat{\beta}_3=205°8'25.2''$,$\hat{\beta}_4=284°35'27.1''$,$\hat{\beta}_5=180°42'34.6''$,$\hat{S}_1=505.385$ m,$\hat{S}_2=312.827$ m,$\hat{S}_3=272.632$ m,$\hat{S}_4=299.806$ m。

10. 解:由题意得,$n=9$,$t=2$。设 P 点的坐标为(X,Y),取(10 000.114,9 999.677)为 P 点的近似坐标,单位为米,则误差方程为

$$v_1=\rho''\left[\frac{\Delta Y_{PB}^0}{(S_{PB}^0)^2}-\frac{\Delta Y_{PA}^0}{(S_{PA}^0)^2}\right]\hat{x}-\rho''\left[\frac{\Delta X_{PB}^0}{(S_{PB}^0)^2}-\frac{\Delta X_{PA}^0}{(S_{PA}^0)^2}\right]\hat{y}-(L_1-L_1^0)$$

$$v_2=-\rho''\frac{\Delta Y_{AP}^0}{(S_{AP}^0)^2}\hat{x}+\rho''\frac{\Delta X_{AP}^0}{(S_{AP}^0)^2}\hat{y}-(L_2-L_2^0)$$

$$v_3=\rho''\frac{\Delta Y_{BP}^0}{(S_{BP}^0)^2}\hat{x}-\rho''\frac{\Delta X_{BP}^0}{(S_{BP}^0)^2}\hat{y}-(L_3-L_3^0)$$

$$v_4=\rho''\frac{\Delta Y_{AP}^0}{(S_{AP}^0)^2}\hat{x}-\rho''\frac{\Delta X_{AP}^0}{(S_{AP}^0)^2}\hat{y}-(L_4-L_4^0)$$

$$v_5=\rho''\left[\frac{\Delta Y_{PA}^0}{(S_{PA}^0)^2}-\frac{\Delta Y_{PC}^0}{(S_{PC}^0)^2}\right]\hat{x}-\rho''\left[\frac{\Delta X_{PA}^0}{(S_{PA}^0)^2}-\frac{\Delta X_{PC}^0}{(S_{PC}^0)^2}\right]\hat{y}-(L_5-L_5^0)$$

$$v_6=-\rho''\frac{\Delta Y_{CP}^0}{(S_{CP}^0)^2}\hat{x}+\rho''\frac{\Delta X_{CP}^0}{(S_{CP}^0)^2}\hat{y}-(L_6-L_6^0)$$

$$v_7 = -\rho''\frac{\Delta Y^0_{BP}}{(S^0_{BP})^2}\hat{x} + \rho''\frac{\Delta X^0_{BP}}{(S^0_{BP})^2}\hat{y} - (L_7 - L^0_7)$$

$$v_8 = \rho''\left[\frac{\Delta Y^0_{PC}}{(S^0_{PC})^2} - \frac{\Delta Y^0_{PB}}{(S^0_{PB})^2}\right]\hat{x} - \rho''\left[\frac{\Delta X^0_{PC}}{(S^0_{PC})^2} - \frac{\Delta X^0_{PB}}{(S^0_{PB})^2}\right]\hat{y} - (L_8 - L^0_8)$$

$$v_9 = \frac{\rho''\Delta Y^0_{CP}}{(S^0_{CP})^2}\hat{x} - \frac{\rho''\Delta X^0_{CP}}{(S^0_{CP})^2}\hat{y} - (L_9 - L^0_9)$$

根据题意，计算误差方程中各量可得表 4-5、表 4-6。

表 4-5　误差方程中系数的计算

点名		X/m	Y/m	ΔX^0/m	ΔY^0/m	S^0/m
P	A	8 864.53	5 392.58	−1 135.584	−4 607.097	4 744.986
	B	13 615.22	10 189.47	3 615.106	189.793	3 620.085
	C	6 520.12	14 399.3	−3 479.994	4 399.623	5 609.549

表 4-6　误差方程中闭合差的计算

观测角	观测值 L/(°)	近似值 L^0/(°)	$L-L^0$/(″)
1	106.845 000	106.851 851	−24.66
2	30.879 722	30.876 195	12.70
3	42.277 778	42.271 954	20.96
4	28.436 667	28.436 583	0.30
5	127.810 833	127.810 284	1.98
6	23.753 056	23.753 133	−0.28
7	33.680 556	33.687 768	−25.96
8	125.343 889	125.337 865	21.68
9	20.973 611	20.974 367	−2.72

将各个量代入，得误差方程式为

$$\boldsymbol{V} = \begin{bmatrix} 45.1941 & -67.3030 \\ -42.2069 & 10.4034 \\ -2.9872 & 56.8996 \\ 42.2069 & -10.4034 \\ -71.0462 & -12.4078 \\ 28.8393 & 22.8112 \\ 2.9872 & -56.8996 \\ 25.8521 & 79.7108 \\ -28.8393 & -22.8112 \end{bmatrix}\begin{bmatrix}\hat{x} \\ \hat{y}\end{bmatrix} - \begin{bmatrix} -24.66 \\ 12.70 \\ 20.96 \\ 0.30 \\ 1.98 \\ -0.28 \\ -25.96 \\ 21.68 \\ -2.72 \end{bmatrix}$$

则有

$$\boldsymbol{N}_{bb} = \boldsymbol{B}^{\mathrm{T}}\boldsymbol{PB} = \begin{bmatrix} 13\,002.4936 & -1.8913 \\ -1.8913 & 18\,769.7438 \end{bmatrix}$$

$$\boldsymbol{N}_{bb}^{-1} = \begin{bmatrix} 0.000\,076\,908 & 0 \\ 0 & 0.000\,053\,277 \end{bmatrix}$$

$$\boldsymbol{W}=\boldsymbol{B}^{\mathrm{T}}\boldsymbol{P}\boldsymbol{l}=\begin{bmatrix}-1\,287.545\,1\\6\,219.005\,3\end{bmatrix}$$

可得

$$\hat{\boldsymbol{x}}=\boldsymbol{N}_{bb}^{-1}\boldsymbol{W}=\begin{bmatrix}-0.099\\0.331\end{bmatrix}\mathrm{m}$$

$$\hat{\boldsymbol{X}}=\begin{bmatrix}\hat{X}_P\\\hat{Y}_P\end{bmatrix}=\begin{bmatrix}X_0\\Y_0\end{bmatrix}+\begin{bmatrix}\hat{x}\\\hat{y}\end{bmatrix}=\begin{bmatrix}10\,000.015\\10\,000.008\end{bmatrix}\mathrm{m}$$

$$\boldsymbol{V}=\boldsymbol{B}\hat{\boldsymbol{x}}-\boldsymbol{l}$$
$$=[-2.11\quad -0.57\quad -1.82\quad -7.93\quad 0.94\quad 4.98\quad 6.82\quad 2.16\quad -1.98]^{\mathrm{T}}('')$$

则

$$\sigma_0=\sqrt{\frac{\boldsymbol{V}^{\mathrm{T}}\boldsymbol{P}\boldsymbol{V}}{n-t}}=\sqrt{\frac{177.160\,6}{7}}=5.03('')$$

$$\begin{aligned}\sigma_P&=\sqrt{\sigma_x^2+\sigma_y^2}\\&=\sigma_0\sqrt{Q_{xx}+Q_{yy}}\\&=0.057\ \mathrm{m}\end{aligned}$$

11. 解：由题意得，$n=5, t=4$。令 $\hat{X}_C=X_C^0+\hat{x}_C, \hat{Y}_C=Y_C^0+\hat{y}_C, \hat{X}_D=X_D^0+\hat{x}_D, \hat{Y}_D=Y_D^0+\hat{y}_D$，取

$$X_C^0=19\,187.335\ \mathrm{m},\quad Y_C^0=20\,265.887\ \mathrm{m}$$
$$X_D^0=-10\,068.386\ \mathrm{m},\quad Y_D^0=17\,332.434\ \mathrm{m}$$

由测边误差方程公式得

$$\begin{cases}v_1=\dfrac{\Delta X_{AC}^0}{S_{AC}^0}\hat{x}_C+\dfrac{\Delta Y_{AC}^0}{S_{AC}^0}\hat{y}_C-1\,000(S_1-S_{AC}^0)\\ v_2=\dfrac{\Delta X_{AD}^0}{S_{AD}^0}\hat{x}_D+\dfrac{\Delta Y_{AD}^0}{S_{AD}^0}\hat{y}_D-1\,000(S_2-S_{AD}^0)\\ v_3=\dfrac{\Delta X_{BD}^0}{S_{BD}^0}\hat{x}_D+\dfrac{\Delta Y_{BD}^0}{S_{BD}^0}\hat{y}_D-1\,000(S_3-S_{BD}^0)\\ v_4=\dfrac{\Delta X_{BC}^0}{S_{BC}^0}\hat{x}_C+\dfrac{\Delta Y_{BC}^0}{S_{BC}^0}\hat{y}_C-1\,000(S_4-S_{BC}^0)\\ v_5=-\dfrac{\Delta X_{CD}^0}{S_{CD}^0}\hat{x}_C-\dfrac{\Delta Y_{CD}^0}{S_{CD}^0}\hat{y}_C+\dfrac{\Delta X_{CD}^0}{S_{CD}^0}\hat{x}_D+\dfrac{\Delta Y_{CD}^0}{S_{CD}^0}\hat{y}_D-1\,000(S_5-S_{CD}^0)\end{cases}$$

将相应数据代入，得误差方程为

$$\boldsymbol{V}=\boldsymbol{B}\hat{\boldsymbol{x}}-\boldsymbol{l}=\begin{bmatrix}0.687\,5&0.726\,2&0&0\\0&0&-0.502\,3&0.864\,7\\0&0&-0.880\,6&0.473\,9\\-0.144\,2&0.989\,5&0&0\\0.995\,0&0.099\,9&-0.995\,0&-0.099\,8\end{bmatrix}\begin{bmatrix}\hat{x}_C\\\hat{y}_C\\\hat{x}_D\\\hat{y}_D\end{bmatrix}-\begin{bmatrix}-1.36\\0.08\\0.29\\-0.19\\17.05\end{bmatrix}$$

其中，$\boldsymbol{l}$ 的单位为毫米(mm)。

又有

$$N_{bb}=B^{T}PB=\begin{bmatrix}1.4835 & 0.4558 & -0.9900 & -0.0993\\ 0.4558 & 1.5165 & -0.0993 & -0.0100\\ -0.9900 & -0.0993 & 2.0178 & -0.7523\\ -0.0993 & -0.0100 & -0.7523 & 0.9822\end{bmatrix}$$

$$W=B^{T}Pl=\begin{bmatrix}16.0595\\ 0.5293\\ -17.2603\\ -1.4910\end{bmatrix}$$

$$N_{bb}^{-1}=\begin{bmatrix}1.6907 & -0.4211 & 1.2191 & 1.1004\\ -0.4211 & 0.7678 & -0.2545 & -0.2297\\ 1.2191 & -0.2545 & 1.5764 & 1.3282\\ 1.1004 & -0.2297 & 1.3282 & 2.1444\end{bmatrix}$$

可得

$$\hat{x}=N_{bb}^{-1}W=\begin{bmatrix}4.2\\ -1.6\\ -9.7\\ -8.6\end{bmatrix}\text{mm}$$

$$\hat{X}=\begin{bmatrix}\hat{X}_C\\ \hat{Y}_C\\ \hat{X}_D\\ \hat{Y}_D\end{bmatrix}=\begin{bmatrix}X_C^0\\ Y_C^0\\ X_D^0\\ Y_D^0\end{bmatrix}+\begin{bmatrix}\hat{x}_C\\ \hat{y}_C\\ \hat{x}_D\\ \hat{y}_D\end{bmatrix}=\begin{bmatrix}19\,187.339\\ 20\,265.885\\ -10\,068.396\\ 17\,332.425\end{bmatrix}\text{m}$$

C、D 点坐标协因数阵为

$$\begin{bmatrix}Q_{X_CX_C} & Q_{X_CY_C} & Q_{X_CX_D} & Q_{X_CY_D}\\ Q_{Y_CX_C} & Q_{Y_CY_C} & Q_{Y_CX_D} & Q_{Y_CY_D}\\ Q_{X_DX_C} & Q_{X_DY_C} & Q_{X_DX_D} & Q_{X_DY_D}\\ Q_{Y_DX_C} & Q_{Y_DY_C} & Q_{Y_DX_D} & Q_{Y_DY_D}\end{bmatrix}=N_{bb}^{-1}$$

第 5 章　三维控制网测量平差

§5.1　知识点汇编

三维控制网的平差一般都采用间接平差法计算。

5.1.1　三维工程控制网平差

1. 参数选择与近似值计算

1)垂差分量 δ_x,δ_y 的近似值计算

地球弯曲的垂差近似值计算式为

$$\begin{cases} \delta''_x = \dfrac{\rho''}{R_0} S_{0i}\cos T_{0i} \\ \delta''_y = \dfrac{\rho''}{R_0} S_{0i}\sin T_{0i} \end{cases}$$

其中,R_0 是地球平均曲率半径,S_{0i} 和 T_{0i} 是局部坐标系原点 P_0 至测站点 P_i 间的边长和方位角。

2)近似坐标的计算

根据观测量的不同,近似坐标计算公式有下列三种。

(1)观测了斜距、天顶距和水平角的计算公式:此时方位角推算公式为

$$\begin{cases} T_{ab} = \arctan \dfrac{y_b - y_a}{x_b - x_a} \\ T_{ac} = T_{ab} - \beta_a \\ T_{bc} = T_{ab} \pm 180° + \beta_b \end{cases}$$

(2)不测天顶距、以斜距和水平角表示的计算公式:设 AB、AC 的水平距离为 d_{ab}、d_{ac},则

$$\begin{cases} d_{ab} = \sqrt{(x_b - x_a)^2 + (y_b - y_a)^2} \\ d_{ac} = d_{ab}\dfrac{\sin \beta_b}{\sin(\beta_a + \beta_b)} \end{cases}$$

于是有

$$\begin{cases} x_c = x_a + d_{ac}\cos T_{ac} \\ y_c = y_a + d_{ac}\sin T_{ac} \\ z_c = z_a \pm \sqrt{S_1^2 - d_{ac}^2} \end{cases}$$

(3)测边网的计算公式:各边与其两端点坐标的关系式为

$$\begin{cases} x^2 + y^2 + z^2 = S_1^2 \\ (x - x_b)^2 + (y - y_b)^2 + (z - z_b)^2 = S_2^2 \\ (x - x_c)^2 + (y - y_c)^2 + (z - z_c)^2 = S_3^2 \end{cases}$$

3)折光系数 K 和尺度因子 m 的近似值选取

在正常气象情况下，$K\approx 0.14$；但在不同地区，不同季节与时间，甚至不同条件的边上，K 值往往发生变化。K 的近似值通常可取 0.14，在某些情况下也可以取近似值 0。

边长平差值 $\hat{S}=S+v_S+mS$，m 即为尺度因子。m 是一个很微小的值，平差时其近似值看做 0。

2. 误差方程

三维控制网误差方程通常有斜距误差方程、水平方向误差方程、天顶距误差方程和水准测量高差的误差方程。

1)斜距误差方程式

斜距误差方程式为

$$v_{S_{ij}}=\frac{x_j^0-x_i^0}{S_{ij}^0}(\mathrm{d}x_j-\mathrm{d}x_i)+\frac{y_j^0-y_i^0}{S_{ij}^0}(\mathrm{d}y_j-\mathrm{d}y_i)+\frac{z_j^0-z_i^0}{S_{ij}^0}(\mathrm{d}z_j-\mathrm{d}z_i)-S_{ij}^0m-(S_{ij}-S_{ij}^0)$$

2)水平方向误差方程式

方位角平差值 $T_{ij}+v_{T_{ij}}$ 与其两端点坐标未知数的关系为

$$\tan(T_{ij}+v_{T_{ij}})=\frac{(y_j-y_i)-S_{ij}\cos\zeta_{ij}\delta y_i}{(x_j-x_i)-S_{ij}\cos\zeta_{ij}\delta x_i}$$

则方向观测值误差式为

$$\begin{aligned}v_{r_{ij}}=&-\frac{\Delta y_{ij}^0}{(S_{ij}^0)^2}(\mathrm{d}x_j-\mathrm{d}x_i)+\frac{\Delta x_{ij}^0}{(S_{ij}^0)^2}(\mathrm{d}y_j-\mathrm{d}y_i)+\frac{\Delta y_{ij}^0\Delta z_{ij}^0}{(S_{ij}^0)^2}\delta'_{x_i}-\\&\frac{\Delta x_{ij}^0\Delta z_{ij}^0}{(S_{ij}^0)^2}\delta'_{y_i}-\mathrm{d}\omega_i-(r_{ij}+\omega_i^0-T_{ij}^0)\end{aligned}$$

3)天顶距误差方程式

天顶距观测值的误差方程式为

$$\begin{aligned}v_{\zeta_{ij}}=&\frac{\Delta x_{ij}^0\Delta z_{ij}^0}{(S_{ij}^0)^2d_{ij}^0}(\mathrm{d}x_j-\mathrm{d}x_i)+\frac{\Delta y_{ij}^0\Delta z_{ij}^0}{(S_{ij}^0)^2d_{ij}^0}(\mathrm{d}y_j-\mathrm{d}y_i)-\frac{d_{ij}^0}{(S_{ij}^0)^2}(\mathrm{d}z_j-\mathrm{d}z_i)-\\&\frac{\Delta x_{ij}^0}{d_{ij}^0}\delta'_{x_i}-\frac{\Delta y_{ij}^0}{d_{ij}^0}\delta'_{y_i}-(\zeta_{ij}-\zeta_{ij}^0)\end{aligned}$$

4)水准测量高差误差方程式

高差的误差方程式为

$$v_{h_{ij}}=\mathrm{d}z_j-\mathrm{d}z_i+\Delta x_{ij}^0\delta'_{x_i}+\Delta y_{ij}^0\delta'_{y_i}-(h_{ij}-h_{ij}^0)$$

其中

$$h_{ij}^0=z_i^0-z_j^0+\Delta x_{ij}^0\delta_{x_i}^0+\Delta y_{ij}^0\delta_{y_i}^0+\frac{1}{2R_0}(S_{ij}^0)^2$$

5.1.2　GPS 基线向量网平差

1. 函数模型

基线向量误差方程为

$$\underset{3\times1}{\boldsymbol{V}_{ij}}=\underset{3\times1}{\hat{\boldsymbol{x}}_j}-\underset{3\times1}{\hat{\boldsymbol{x}}_i}-\underset{3\times1}{\boldsymbol{l}_{ij}}$$

式中

$$\underset{3\times1}{\boldsymbol{l}_{ij}}=\underset{3\times1}{\Delta\boldsymbol{X}_{ij}}-\underset{3\times1}{\Delta\boldsymbol{X}_{ij}^0}=\underset{3\times1}{\Delta\boldsymbol{X}_{ij}}-(\underset{3\times1}{\boldsymbol{X}_j^0}-\underset{3\times1}{\boldsymbol{X}_i^0})$$

当网中有 m 个待定点，n 条基线向量时，则 GPS 网的误差方程为

$$\underset{3n\times1}{\boldsymbol{V}} = \underset{3n\times3m}{\boldsymbol{B}}\ \underset{3m\times1}{\hat{\boldsymbol{x}}} - \underset{3n\times1}{\boldsymbol{l}}$$

2. 随机模型

随机模型一般形式为

$$\boldsymbol{D} = \sigma_0^2\boldsymbol{Q} = \sigma_0^2\boldsymbol{P}^{-1}$$

三个观测坐标分量是相关的，已知

$$\boldsymbol{D}_{ij} = \begin{bmatrix} \sigma^2_{\Delta X_{ij}} & \sigma_{\Delta X_{ij}\Delta Y_{ij}} & \sigma_{\Delta X_{ij}\Delta Z_{ij}} \\ \sigma_{\Delta X_{ij}\Delta Y_{ij}} & \sigma^2_{\Delta Y_{ij}} & \sigma_{\Delta Y_{ij}\Delta Z_{ij}} \\ \sigma_{\Delta X_{ij}\Delta Z_{ij}} & \sigma_{\Delta Y_{ij}\Delta Z_{ij}} & \sigma^2_{\Delta Z_{ij}} \end{bmatrix}$$

权阵为

$$\boldsymbol{P}^{-1} = \frac{\boldsymbol{D}}{\sigma_0^2}$$

$$\boldsymbol{P} = \left(\frac{\boldsymbol{D}}{\sigma_0^2}\right)^{-1}$$

3. 三维无约束平差

GPS 基线向量本身提供了尺度基准信息和定向基准信息(由向量坐标可以算出基线端点间的长度和方位)，它们都属于 WGS-84 坐标系。因而，三维无约束平差时只需引入位置基准信息，并且所引入的位置基准信息不会引起观测值的变形和改正。引入位置基准信息的方法有两种：一是取网中任一点的伪距定位坐标，作为固定网点坐标的起算数据，另一种是引入合适的近似坐标系统下的秩亏自由网基准。

4. 三维约束平差

其约束条件是属于国家大地坐标系的地面网点固定坐标、固定大地方位角和固定空间弦长。

5. 三维联合平差

(1)空间弦长观测值的误差方程为

$$V_{S_{ij}} = -\boldsymbol{C}_{ij}\boldsymbol{A}_i\mathrm{d}\boldsymbol{B}_i + \boldsymbol{C}_{ij}\boldsymbol{A}_j\mathrm{d}\boldsymbol{B}_j - l_{S_{ij}}$$

其中

$$l_{S_{ij}} = S_{ij} - (\Delta X_{ij}^{0^2} + \Delta Y_{ij}^{0^2} + \Delta Z_{ij}^{0^2})^{\frac{1}{2}}$$

(2)方向观测值的误差方程为

$$V_{\beta_{ij}} = -\mathrm{d}Z_i - \boldsymbol{F}_{ij}\boldsymbol{A}_i\mathrm{d}\boldsymbol{B}_i + \boldsymbol{F}_{ij}\boldsymbol{A}_j\mathrm{d}\boldsymbol{B}_j - l_{\beta_{ij}}$$

其中

$$l_{\beta_{ij}} = \beta_{ij} + Z_i^0 - \alpha_{ij}^0$$

§5.2 技能测试

1. 三维控制网与传统的水平控制网和高程控制网相比较有什么特点？
2. 简述 GPS 数据处理流程。
3. 什么叫 GPS 基线网？如何进行 GPS 基线网平差？

技能测试答案

1. 传统的控制网分为高程控制网和平面控制网，除了部分的平高点外，高程控制点和平面控制点基本都各自独自建立，观测量是高差、距离和角度。随着测绘科学技术的发展，特别是GPS全球定位系统的日渐成熟，观测量可以是基线，将一维高程系统和二维平面坐标系统统一在三维空间坐标系中，从而实现联合平差。

2. GPS数据处理流程：数据传送—手簿输入—数据加工—数据预处理—基线解算—重复基线检核—同步环检核—异步环检核(以上为当天应完成的任务)—重测与补测—WGS-84中无约束平差—网精度分析—1954北京坐标系、1980西安坐标系、2000国家大地坐标系、地方独立坐标系中三维无约束平差—三维约束平差—二维平差—成果报告—技术总结。

3. 在GPS定位中，在任意两个观测站上用GPS接收机对卫星进行同步观测，可得到两点之间的基线向量观测值，它是在WGS-84(World Geodetic System)空间坐标系下的三维坐标差。为了提高定位结果的精度和可靠性，通常需将不同时段观测的基线向量连接成网，这样组成的网称为GPS基线向量网。

一般GPS基线向量网的平差可以分为以下三种类型：一是无约束平差，即只固定网中某一点的坐标，其主要目的是考察GPS网本身的内部附合精度及考察基线向量之间有无明显的系统误差和粗差，同时为GPS大地高与公共点正高联合确定GPS网点的正高，提供平差处理后的大地高程数据；二是所谓的约束平差，即以国家大地坐标系或地方坐标系的某些点的坐标、边长和方位角为约束条件，考虑GPS网与地面网之间的转换参数进行平差计算；三是联合平差，即除了GPS基线向量观测值和约束数据以外，还有地面常规测量值如边长、方向、高差等，将这些数据一并进行平差。后两类平差完成后，网点坐标已属于国家大地坐标系或地方坐标系，因而是解决GPS网成果转换的有效手段，是目前唯一行之有效的方法。

第6章 误差椭圆

§6.1 知识点汇编

6.1.1 基本概念

1.点位真误差

观测值通过平差所求得的最或然点位 P' 点相对待定点的真位置 P 点的偏移量 ΔP 称为 P 点的点位真误差，简称真位差。

2.点位误差

P 点真位差平方的理论平均值通常定义为 P 点的点位方差，并记为 σ_P^2，它总是等于两个相互垂直的方向上的坐标方差的平方和。

3.纵、横向误差

如果再将 P 点的真位差 ΔP 投影于 AP 方向和垂直 AP 的方向上，则得 Δs 和 Δu，此时有

$$\sigma_P^2 = \sigma_s^2 + \sigma_u^2$$

其中，σ_s 称为纵向误差，σ_u 称为横向误差。

4.任意方向 φ 的位差

P 点的点位真误差在 φ 方向上的投影值。

5.位差的极大值 E、极小值 F 和极值方向

用任意方向上的位差公式，只要给出一个 φ 值，就可以算出对应的位差。因为 φ 在 $0°$～$360°$之间可以取无穷多个值，所以位差 σ_φ^2 也有无穷多个值，那么其中就应存在一个极大值 E 和一个极小值 F，这两个方向分别称为位差的极大值方向 φ_E 和极小值方向 φ_F。

6.误差曲线或精度曲线

以不同的 $\psi(0° \leqslant \psi \leqslant 360°)$ 值代入 $\sigma_\psi^2 = E^2\cos^2\psi + F^2\sin^2\psi$，算出各个方向的 σ_ψ 值，以 ψ 和 σ_ψ 为极坐标的点的轨迹必为一闭合曲线。该曲线称为误差曲线，或称为精度曲线。

7.误差椭圆

误差曲线不是一种典型曲线，作图也不方便，因此降低了它的实用价值。但其形状与以 E、F 为长、短半轴的椭圆很相似。所以，实际上常用以 E、F 为长、短半轴的椭圆来代替相应的误差曲线，用来计算待定点在各方向上的位差，故称该椭圆为误差椭圆。将确定误差椭圆的三个参数 φ_E、E、F 称为误差椭圆元素。

8.相对误差椭圆

为了确定任意两个待定点之间相对位置的某些精度，就需要进一步作出两待定点之间的相对误差椭圆。

6.1.2 公式汇编

1.点位中误差

$$\sigma_P^2 = \sigma_x^2 + \sigma_y^2$$

2. 点位纵横坐标中误差

$$\sigma_P^2 = \sigma_s^2 + \sigma_u^2$$

其中，σ_s 称为纵向误差，σ_u 称为横向误差。

3. 待定点(P)至已知点(A)的边长中误差

$$\sigma_{S_{PA}}^2 = \sigma_{\alpha_{PA}}^2 = \sigma_0^2(Q_{xx}\cos^2\alpha_{PA} + Q_{yy}\sin^2\alpha_{PA} + Q_{xy}\sin 2\alpha_{PA})$$

4. 待定点至已知点方位角中误差

要计算 PA 边的方位角误差，首先要计算 PA 边的横向误差，即垂直于 PA 边方向上的 P 点位差，垂直方向的方位角为 φ，则

$$\sigma_u^2 = \sigma_\varphi^2 = \sigma_0^2(Q_{xx}\cos^2\varphi + Q_{yy}\sin^2\varphi + Q_{xy}\sin 2\varphi)$$

5. 计算中常用的其他中误差

包括待定点至待定点的边长中误差、待定点至待定点的方位角中误差、相邻点点位纵横坐标中误差、相邻点相对点位中误差、贯通重要方向上的位差、待定点纵横坐标的方差、任意方向上的中误差、任意方向上的点位方差。

6. 协因数 Q_{xx}、Q_{yy} 的计算

$$\boldsymbol{Q}_{\hat{X}\hat{X}} = (\boldsymbol{B}^{\mathrm{T}}\boldsymbol{PB})^{-1} = \begin{bmatrix} Q_{xx} & Q_{xy} \\ Q_{yx} & Q_{yy} \end{bmatrix}$$

$$\sigma_P^2 = \sigma_0^2(Q_{xx} + Q_{yy})$$

7. 待定点纵横坐标方差的计算

$$\begin{cases} \sigma_x^2 = \sigma_0^2\dfrac{1}{p_x} = \sigma_0^2 Q_{xx} \\[2ex] \sigma_y^2 = \sigma_0^2\dfrac{1}{p_y} = \sigma_0^2 Q_{yy} \end{cases}$$

8. 任意方位 φ 方向上的点位方差的计算

$$\sigma_\varphi^2 = \sigma_x^2\cos^2\varphi + \sigma_y^2\sin^2\varphi + \sigma_{xy}\sin 2\varphi$$

或

$$\sigma_\varphi^2 = \sigma_0^2 Q_{\varphi\varphi} = \sigma_0^2(Q_{xx}\cos^2\varphi + Q_{yy}\sin^2\varphi + Q_{xy}\sin 2\varphi)$$

9. 位差的极大值 E、极小值 F 和极值方向

(1)当 $Q_{xy} > 0$ 时，极大值在第Ⅰ、Ⅲ象限($\tan\varphi_0 > 0$)，极小值在第Ⅱ、Ⅳ象限($\tan\varphi_0 < 0$)。

(2)当 $Q_{xy} < 0$ 时，极大值在第Ⅱ、Ⅳ象限($\tan\varphi_0 < 0$)，极小值在第Ⅰ、Ⅲ象限($\tan\varphi_0 > 0$)。

(3)当 $Q_{xy} = 0$，且 $Q_{xx} \neq Q_{yy}$ 时，若 $Q_{xx} > Q_{yy}$ 则极大值方向为 $0°$(x 轴)；若 $Q_{xx} < Q_{yy}$ 则极大值为 $90°$

10. 位差极值的计算

$$\begin{cases} E^2 = \sigma_0^2(Q_{xx}\cos^2\varphi_E + Q_{yy}\sin^2\varphi_E + Q_{xy}\sin 2\varphi_E) \\ F^2 = \sigma_0^2(Q_{xx}\cos^2\varphi_F + Q_{yy}\sin^2\varphi_F + Q_{xy}\sin 2\varphi_F) \end{cases}$$

11. 计算位差极值的常用公式

$$\begin{cases} K = \sqrt{(Q_{xx} - Q_{yy})^2 + 4Q_{xy}^2} \\[1ex] E^2 = \dfrac{1}{2}\sigma_0^2[(Q_{xx} + Q_{yy}) + K] \\[2ex] F^2 = \dfrac{1}{2}\sigma_0^2[(Q_{xx} + Q_{yy}) - K] \\[1ex] \sigma_P^2 = E^2 + F^2 \end{cases}$$

12. 用极值 E、F 表示任意方向 ψ 上的位差

$$\sigma_\psi^2 = E^2\cos^2\psi + F^2\sin^2\psi$$

误差椭圆元素 φ_E、E、F 按上述方法计算。

13. 相对误差椭圆元素的公式

两待定点 P_i、P_k 坐标平差值的协因数，与两点平差后的相对位置 Δx、Δy 的协因数之间有

$$\begin{cases} Q_{\Delta x\Delta x} = Q_{x_i x_i} + Q_{x_k x_k} - 2Q_{x_i x_k} \\ Q_{\Delta y\Delta y} = Q_{y_i y_i} + Q_{y_k y_k} - 2Q_{y_i y_k} \\ Q_{\Delta x\Delta y} = Q_{x_i y_i} + Q_{x_k y_k} - Q_{x_i y_k} - Q_{x_k y_i} \end{cases}$$

则相对误差椭圆元素为

$$\begin{cases} \tan 2\varphi_0 = \dfrac{2Q_{\Delta x\Delta y}}{Q_{\Delta x\Delta x} - Q_{\Delta y\Delta y}} \\ E^2 = \dfrac{1}{2}\sigma_0^2\left[Q_{\Delta x\Delta x} + Q_{\Delta y\Delta y} + \sqrt{(Q_{\Delta x\Delta x} - Q_{\Delta y\Delta y})^2 + 4Q_{\Delta x\Delta y}}\right] \\ F^2 = \dfrac{1}{2}\sigma_0^2\left[Q_{\Delta x\Delta x} + Q_{\Delta y\Delta y} - \sqrt{(Q_{\Delta x\Delta x} - Q_{\Delta y\Delta y})^2 + 4Q_{\Delta x\Delta y}}\right] \end{cases}$$

§6.2 技能测试

1. 何谓点位真误差、点位误差？

2. 何谓纵向误差、横向误差？

3. 简述绝对误差椭圆与相对误差椭圆的区别与联系。

4. 某一控制网只有一个待定点，设待定点的坐标为未知数，进行间接平差，其法方程为

$\begin{bmatrix} 1.287 & 0.411 \\ 0.411 & 1.762 \end{bmatrix}\begin{bmatrix} \hat{x} \\ \hat{y} \end{bmatrix} + \begin{bmatrix} 0.534 \\ -0.394 \end{bmatrix} = \mathbf{0}$（系数阵的单位是 $\dfrac{('')^2}{\mathrm{dm}^2}$），且已知 $\boldsymbol{l}^{\mathrm{T}}\boldsymbol{Pl} = 4('')^2$，多余观测为 2。试求出待定点误差椭圆的 3 个参数，并绘制出误差椭圆，用图解法和计算法求出待定点的点位中误差。

5. 设某三角网中有一个待定点 P 点，并设其坐标为未知参数，经平差后求得单位权中误差 $\hat{\sigma}_0^2 = 1('')^2$，$\boldsymbol{Q}_{\hat{X}\hat{X}} = \begin{bmatrix} 1.5 & 0.2 \\ 0.2 & 1.5 \end{bmatrix}$（系数阵的单位是 $\dfrac{('')^2}{\mathrm{dm}^2}$），试求：

(1)计算 P 点的位差的极值方向 φ_E 和 φ_F。

(2)计算位差的极大值 E 与极小值 F，以及 P 点的点位方差。

(3)若算出过 P 点的 PM 方向的方位角 $\hat{\alpha}_{PM} = 30°$，且已知 $S_{PM} = 3.150$ km，求 PM 方向上的点位误差为多少？PM 边的边长相对中误差 $\dfrac{\sigma_{PM}}{S_{PM}}$ 及方位角中误差 $\sigma_{\alpha_{PM}}$。

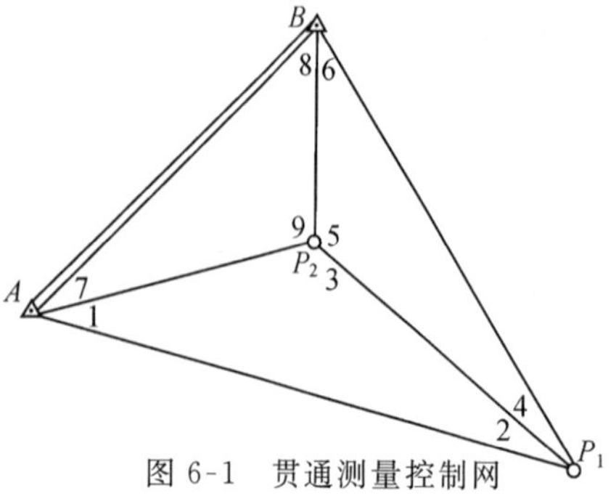

图 6-1 贯通测量控制网

6. 如图 6-1 所示，P_1、P_2 两点间为一山头，某

条铁路专用线在此经过，要在 P_1、P_2 两点间开掘隧道，要求在贯通方向和重要方向上的误差不超过 ±0.5 m 和 ±0.25 m。根据实地勘察，在地形图上设计的专用贯通测量控制网，A、B 为已知点，P_1、P_2 为待定点；根据原有测量资料已知 A、B 两点的坐标，以及在地形图上根据原有测量资料坐标格网量得 P_1、P_2 两点的近似坐标见表 6-1，设计按三等控制网要求进行并观测所有的 9 个角度。设平差后求得单位权中误差 $\hat{\sigma}_0^2 = 1('')^2$，试估算设计的此控制网能否达到要求，并绘制出两点的点位误差椭圆和相对误差椭圆。

表 6-1　控制网各点(近似)坐标

点名	A	B	P_1	P_2
x /m	8 986.687	13 737.375	6 642.27	10 122.12
y /m	5 705.036	10 507.928	14 711.75	10 312.47

技能测试答案

1. 点位真误差：观测值通过平差所求得的最或然点位 P' 点相对待定点的真位置 P 点的偏移量 ΔP，称为 P 点的点位真误差。

点位误差：P 点真位差平方的理论平均值通常定义为 P 点的点位方差，并记为 σ_P^2，它总是等于两个相互垂直的方向上的坐标方差的平方和。

2. 将 P 点的真位差 ΔP 投影于 AP 方向和垂直 AP 的方向上，得 Δs 和 Δu，并有 $\Delta P^2 = \Delta s^2 + \Delta u^2$，则 $\sigma_P^2 = \sigma_s^2 + \sigma_u^2$，$\sigma_s$ 称为纵向误差，σ_u 称为横向误差。

3. 绝对误差椭圆：以位差的极大值 E 和极小值 F 为长、短半轴的椭圆来代替相应的误差曲线，用来计算待定点在各方向上的位差，故称该椭圆为误差椭圆。将确定误差椭圆的 3 个参数 φ_E（极大值方向）、E（位差的极大值）、F（位差的极小值）称为误差椭圆元素。

相对误差椭圆：为了确定任意两个待定点之间相对位置的某些精度，以计算出相对误差椭圆元素绘制出的误差椭圆称为相对误差椭圆。

两者区别：

(1)在平面控制网中，绝对误差椭圆用于衡量待定点与已知点的精度，相对误差椭圆用于衡量两个待定点之间的相对位置精度的情况。

(2)误差椭圆是以待定点为中心绘制的，而相对误差椭圆则通常以两待定点连线的中点为中心。

两者联系：

都是为了衡量待定点的精度，只是参考的对象不同，都能反映出待定点相对于参考对象的精度大小。

4. 解：

(1)计算极值与极值方向。

由法方程系数得

$$\begin{bmatrix} Q_{xx} & Q_{xy} \\ Q_{yx} & Q_{yy} \end{bmatrix} = \begin{bmatrix} 1.287 & 0.411 \\ 0.411 & 1.762 \end{bmatrix}^{-1} = \begin{bmatrix} 0.8395 & -0.1958 \\ -0.1958 & 0.6132 \end{bmatrix} \frac{\text{dm}^2}{('')^2}$$

$$\tan 2\varphi_0 = \frac{2Q_{xy}}{Q_{xx} - Q_{yy}} = \frac{2 \times (-0.1958)}{0.8395 - 0.6132} = -1.7304$$

解得 $2\varphi_0 = 300°01'25''$ 或 $120°01'25''$，即极值方向为 $150°00'43''$ 或 $60°00'43''$。因为 $Q_{xy} < 0$，故 $\varphi_E = 150°00'43''$ 或 $330°00'43''$，$\varphi_F = 240°00'43''$ 或 $60°00'43''$。

计算单位权中误差，即

$$[\hat{x} \quad \hat{y}] = [-0.5255 \quad 0.3462]\ \text{dm}$$

$$\boldsymbol{V}^{\mathrm{T}}\boldsymbol{PV} = \boldsymbol{l}^{\mathrm{T}}\boldsymbol{Pl} - \boldsymbol{W}^{\mathrm{T}} \begin{bmatrix} \hat{x} \\ \hat{y} \end{bmatrix} = 4 - [-0.534 \quad 0.394] \begin{bmatrix} -0.5255 \\ -0.3462 \end{bmatrix}$$

$$= 4 - 0.4170 = 3.5830('')^2$$

则

$$\sigma_0^2 = \frac{\boldsymbol{V}^{\mathrm{T}}\boldsymbol{PV}}{r} = \frac{3.5830}{2} = 1.7915('')^2$$

由

$$K = \sqrt{(Q_{xx} - Q_{yy})^2 + 4Q_{xy}^2} = \sqrt{(0.8395 - 0.6132)^2 + 4 \times (-0.1958)^2} = 0.4523\ \frac{\text{dm}^2}{('')^2}$$

$$E^2 = \frac{1}{2}\sigma_0^2(Q_{xx} + Q_{yy} + K) = \frac{1}{2} \times 1.7915 \times (0.8395 + 0.6132 + 0.4523) = 1.7064\ \text{dm}^2$$

$$F^2 = \frac{1}{2}\sigma_0^2(Q_{xx} + Q_{yy} - K) = \frac{1}{2} \times 1.7915 \times (0.8395 + 0.6132 - 0.4523) = 0.8961\ \text{dm}^2$$

可得位差的极值为 $E = 1.3063$ dm，$F = 0.9466$ dm。

(2)图解法求待定点的点位中误差。

以 1∶5 的比例尺，以 P 为中心画误差椭圆，如图 6-2 所示。P 点的点位中误差的求解，根据误差椭圆与误差曲线之间的关系，在图 6-2 所示椭圆任意一点 T 作切线，再由椭圆中心向该切线引垂线交于 D，D 点为垂足。若令 PD 与 x_e 轴夹角为 ψ，那么，线段 PD 的长度就是误差曲线在 ψ 方向上的向径，即为该方向上的位差。由于点位方差总是等于两个相互垂直的方向上的坐标方差的平方和，因此取两个互相垂直的方向 PD_1、PD_2，量得 $PD_1 = 2.45$ cm$=0.245$ dm，$PD_2 = 2.10$ cm$=0.210$ dm，转换为正常尺寸即 $PD_1 = 0.245 \times 5 = 1.225$ dm，$PD_2 = 2.10 \times 5 = 1.050$ dm。

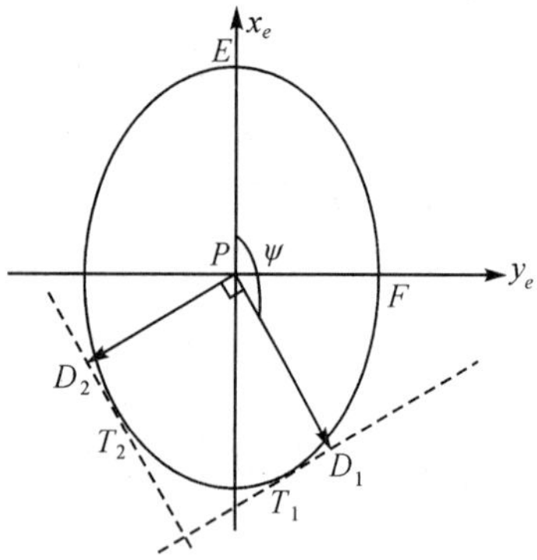

图 6-2　P 点误差椭圆

$$\sigma_P^2 = PD_1^2 + PD_2^2 = 2.6031$$

$$\sigma_P = 1.61\ \text{dm}$$

(3)计算法求待定点的点位中误差。

$$\sigma_P = \sqrt{E^2 + F^2} = \sqrt{1.7064 + 0.8961} = 1.61\ \text{dm}$$

5.解：(1)计算极值方向。

$Q_{xx}=Q_{yy}=1.5$，解得 $2\varphi_0=90^\circ$ 或 270°，即极值方向为 45° 或 135°。

因为 $Q_{xy}=0.2>0$，故 $\varphi_E=45^\circ$ 或 225°，$\varphi_F=135^\circ$ 或 315°。

(2)计算位差的极值。

由

$$K=\sqrt{(Q_{xx}-Q_{yy})^2+4Q_{xy}^2}=\sqrt{(1.5-1.5)^2+4\times 0.2^2}=0.4\ \frac{\text{dm}^2}{('')^2}$$

$$E=\sqrt{\frac{1}{2}\sigma_0^2(Q_{xx}+Q_{yy}+K)}=\sqrt{\frac{1}{2}\times 1^2\times(1.5+1.5+0.4)}=1.30\ \text{dm}$$

$$F=\sqrt{\frac{1}{2}\sigma_0^2(Q_{xx}+Q_{yy}-K)}\ \sqrt{\frac{1}{2}\times 1^2\times(1.5+1.5-0.4)}=1.14\ \text{dm}$$

可得 P 点的点位方差为 $\sigma_P=\sqrt{E^2+F^2}=1.73\ \text{dm}$

(3) PM 方向上的点位误差为

$$\begin{aligned}\sigma_\varphi=\sigma_{\alpha_{PM}}&=\sqrt{\sigma_0^2(Q_{xx}\cos^2\alpha_{PM}+Q_{yy}\sin^2\alpha_{PM}+Q_{xy}\sin 2\alpha_{PM})}\\&=\sqrt{1^2\times(1.5\cos^2 30+1.5\sin^2 30+0.2\sin 60)}\\&=\sqrt{1.6732}=1.29\ \text{dm}\end{aligned}$$

或 PM 的方向角为

$$\psi=\alpha_{PM}-\varphi_E=30-45=-15^\circ=345^\circ$$

$$\sigma_\psi=\sqrt{E^2\cos^2\psi+F^2\sin^2\psi}=\sqrt{1.7\cos^2 345+1.3\sin^2 345}=1.29\ \text{dm}$$

边长相对中误差为

$$\frac{\sigma_{PM}}{S_{PM}}=\frac{1.2395}{31500}\approx\frac{1}{25413}$$

计算 PA 边的横向误差，垂直方向的方位角为 $\varphi=30^\circ\pm 90^\circ$，则有

$$\sigma_u=\sigma_\varphi=\sqrt{\sigma_0^2(Q_{xx}\cos^2\varphi+Q_{yy}\sin^2\varphi+Q_{xy}\sin 2\varphi)}=\sqrt{1.3268}=1.1519\ \text{dm}$$

又由

$$\sigma_u=\frac{1}{\rho''}S_{PA}\sigma_{\alpha_{PA}}$$

可得 PM 边的方位角中误差为

$$\sigma_{\alpha_{PA}}=\frac{\rho''\sigma_u}{S_{PA}}=\frac{206265\times 1.1519}{31500}=7.54''$$

6. 解：由题可知，设计的控制网是三等测角网，根据给出的观测数据及近似数据计算未知边的近似边长，结果见表 6-2。

表 6-2 控制网近似边长

方向(边)	近似边长 S^0/m
P_1P_2	5 609.190 7
P_1A	9 306.835 6
P_1B	8 246.977 3
P_2A	4 745.277 2
P_2B	3 620.534 8

坐标差及方向系数的计算结果见表 6-3。

表 6-3 坐标差及方向系数

方向	Δx^0/m	Δy^0/m	$(S^0)^2$/m^2	方向系数 /dm^{-1}	
				$\frac{\rho''\Delta y^0}{(S^0)^2}$	$\frac{\rho''\Delta x^0}{(S^0)^2}$
P_1P_2	3 479.850	−4 399.280	31 463 020	−2.884	2.281
P_1A	2 344.417	−9 006.714	86 617 189	−2.145	0.558
P_1B	7 095.105	−4 203.822	68 012 635	−1.275	2.152
P_2A	−1 135.433	−4 607.434	22 517 656	−4.220	−1.040
P_2B	3 615.255	195.458	13 108 273	0.308	5.689
P_2P_1	−3 479.850	4 399.280	31 463 020	2.884	−2.281
AP_1	−2 344.417	9 006.714	86 617 189	2.145	−0.558
BP_1	−7 095.105	4 203.822	68 012 635	1.275	−2.152
AP_2	1 135.433	4 607.434	22 517 656	4.220	1.040
BP_2	−3 615.255	−195.458	13 108 273	−0.308	−5.689

根据以上数据可以写出误差方程式，即

$$\begin{cases} v_1=-2.145\,\hat{x}_{P_1}-0.558\,\hat{y}_{P_1}+4.220\hat{x}_{P_2}-1.040\,\hat{y}_{P_2}-l_1 \\ v_2=-0.739\,\hat{x}_{P_1}-1.723\,\hat{y}_{P_1}+2.884\,\hat{x}_{P_2}+2.281\,\hat{y}_{P_2}-l_2 \\ v_3=2.884\,\hat{x}_{P_1}+2.281\,\hat{y}_{P_1}-7.105\,\hat{x}_{P_2}-1.241\,\hat{y}_{P_2}-l_3 \\ v_4=1.609\,\hat{x}_{P_1}+0.129\,\hat{y}_{P_1}-2.884\,\hat{x}_{P_2}-2.281\,\hat{y}_{P_2}-l_4 \\ v_5=-2.884\,\hat{x}_{P_1}-2.281\,\hat{y}_{P_1}+2.577\,\hat{x}_{P_2}+7.970\,\hat{y}_{P_2}-l_5 \\ v_6=1.275\,\hat{x}_{P_1}+2.152\,\hat{y}_{P_1}+0.308\,\hat{x}_{P_2}-5.689\,\hat{y}_{P_2}-l_6 \\ v_7=-0.422\,\hat{x}_{P_2}+1.040\,\hat{y}_{P_2}-l_7 \\ v_8=-0.308\,\hat{x}_{P_2}+5.689\,\hat{y}_{P_2}-l_8 \\ v_9=4.528\,\hat{x}_{P_2}-6.729\,\hat{y}_{P_2}-l_9 \end{cases}$$

由误差方程组成法方程为

$$\begin{bmatrix} 25.9973 & 18.5820 & -43.3540 & -36.9457 \\ 18.5820 & 18.3362 & -29.1230 & -36.9006 \\ -43.3540 & -29.1230 & 130.0661 & -0.2345 \\ -36.9457 & -36.9006 & -0.2345 & 187.6373 \end{bmatrix}\begin{bmatrix} \hat{x}_{P_1} \\ \hat{y}_{P_1} \\ \hat{x}_{P_2} \\ \hat{y}_{P_2} \end{bmatrix}-\begin{bmatrix} w_1 \\ w_2 \\ w_3 \\ w_4 \end{bmatrix}=\mathbf{0}$$

可得协因数阵为

$$\begin{bmatrix} Q_{x_1x_1} & Q_{x_1y_1} & Q_{x_1x_2} & Q_{x_1y_2} \\ Q_{y_1x_1} & Q_{y_1y_1} & Q_{y_1x_2} & Q_{y_1y_2} \\ Q_{x_2x_1} & Q_{x_2y_1} & Q_{x_2x_2} & Q_{x_2y_2} \\ Q_{y_2x_1} & Q_{y_2y_1} & Q_{y_2x_2} & Q_{y_2y_2} \end{bmatrix}=\begin{bmatrix} 0.2711 & -0.0946 & 0.0692 & 0.0349 \\ -0.0946 & 0.2534 & 0.0253 & 0.0312 \\ 0.0692 & 0.0253 & 0.0365 & 0.0186 \\ 0.0349 & 0.0312 & 0.0186 & 0.0184 \end{bmatrix}\frac{\text{dm}^2}{('')^2}$$

(1)计算 P_1 点的误差椭圆元素。

$$\tan 2\varphi_0^{(1)}=\frac{2Q_{x_1y_1}}{Q_{x_1x_1}-Q_{y_1y_1}}=\frac{2\times(-0.0946)}{0.2711-0.2534}=-10.6699$$

解得 $2\varphi_0^{(1)}=275°21'15''$或 $95°21'15''$,即极值方向为 $137°40'38''$或 $47°40'38''$。因为 $Q_{x_1y_1}<0$,故 $\varphi_{E_1}=137°40''38''$或 $317°40'38''$,$\varphi_{F_1}=47°40'38''$或 $227°40'38''$。

$$K_1=\sqrt{(Q_{x_1x_1}-Q_{y_1y_1})^2+4Q_{x_1y_1}^2}=\sqrt{(0.2711-0.2534)^2+4\times(-0.0946)^2}=0.0962$$

$$E_1^2=\frac{1}{2}\sigma_0^2(Q_{x_1x_1}+Q_{y_1y_1}+K_1)=\frac{1}{2}\times1^2\times(0.2711+0.2534+0.0962)=0.3104\ \mathrm{dm}^2$$

$$F_1^2=\frac{1}{2}\sigma_0^2(Q_{x_1x_1}+Q_{y_1y_1}-K_1)=\frac{1}{2}\times1^2\times(0.2711+0.2534-0.0962)=0.2142\ \mathrm{dm}^2$$

也即 $E_1=0.56$ dm,$F_1=0.46$ dm。

(2)计算 P_2 点的误差椭圆元素。

$$\tan 2\varphi_0^{(2)}=\frac{2Q_{x_2y_2}}{Q_{x_2x_2}-Q_{y_2y_2}}=\frac{2\times0.0186}{0.0365-0.0184}=2.0552$$

解得 $2\varphi_0^{(2)}=64°03'14''$或 $244°03'14''$。由于 $Q_{x_2y_2}>0$,故 $\varphi_{E_2}=32°01'37''$或 $212°01'37''$,$\varphi_{F_2}=122°01'37''$或 $302°01'37''$。

$$K_2=\sqrt{(Q_{x_2x_2}-Q_{y_2y_2})^2+4Q_{x_2y_2}^2}=\sqrt{(0.0365-0.0184)^2+4\times0.0186^2}=0.0414$$

$$E_2^2=\frac{1}{2}\sigma_0^2(Q_{x_2x_2}+Q_{y_2y_2}+K_2)=\frac{1}{2}\times1^2\times(0.0365+0.0184+0.0414)=0.0482\ \mathrm{dm}^2$$

$$F_2^2=\frac{1}{2}\sigma_0^2(Q_{x_2x_2}+Q_{y_2y_2}-K_2)=\frac{1}{2}\times1^2\times(0.0365+0.0184-0.0414)=0.0068\ \mathrm{dm}^2$$

也即 $E_2=0.22$ dm,$F_2=0.08$ dm。

(3)计算 P_1 与 P_2 的相对误差椭圆元素。

$$Q_{\Delta x\Delta x}=Q_{x_1x_1}+Q_{x_2x_2}-2Q_{x_1x_2}=0.2711+0.0365-2\times0.0692=0.1692\ \frac{\mathrm{dm}^2}{('')^2}$$

$$Q_{\Delta y\Delta y}=Q_{y_1y_1}+Q_{y_2y_2}-2Q_{y_1y_2}=0.2534+0.0184-2\times0.0312=0.2094\ \frac{\mathrm{dm}^2}{('')^2}$$

$$Q_{\Delta x\Delta y}=Q_{x_1y_1}+Q_{x_2y_2}-Q_{x_1y_2}-Q_{x_2y_1}=-0.0946+0.0186-0.0349-0.0253=-0.1362\ \frac{\mathrm{dm}^2}{('')^2}$$

$$\begin{bmatrix}Q_{\Delta x\Delta x} & Q_{\Delta x\Delta y}\\ Q_{\Delta y\Delta x} & Q_{\Delta y\Delta y}\end{bmatrix}=\begin{bmatrix}0.1692 & -0.1362\\ -0.1362 & 0.2094\end{bmatrix}\frac{\mathrm{dm}^2}{('')^2}$$

则

$$\tan 2\varphi_0^{(12)}=\frac{2Q_{\Delta x\Delta y}}{Q_{\Delta x\Delta x}-Q_{\Delta y\Delta y}}=\frac{2\times(-0.1362)}{0.1692-0.2094}=6.7761$$

则可得 $2\varphi_0^{(12)}=81°36'18''$或 $261°36'18''$。由于 $Q_{\Delta x\Delta y}<0$,所以极值方向为 $\varphi_{E_{12}}=130°48'09''$或 $310°48'09''$,$\varphi_{F_{12}}=40°48'09''$或 $220°48'09''$。

$$K_{12}=\sqrt{(Q_{\Delta x\Delta x}-Q_{\Delta y\Delta y})^2+4Q_{\Delta x\Delta y}^2}=\sqrt{(0.1692-0.2094)^2+4\times(-0.1362)^2}=0.2754$$

$$E_{12}^2=\frac{1}{2}\sigma_0^2(Q_{\Delta x\Delta x}+Q_{\Delta y\Delta y}+K_{12})=\frac{1}{2}\times1^2\times(0.1692+0.2094+0.2754)=0.3270\ \mathrm{dm}^2$$

$$F_{12}^2=\frac{1}{2}\sigma_0^2(Q_{\Delta x\Delta x}+Q_{\Delta y\Delta y}-K_{12})=\frac{1}{2}\times1^2\times(0.1692+0.2094-0.2754)=0.0516\ \mathrm{dm}^2$$

也即 $E_{12}=0.57$ dm，$F_{12}=0.23$ dm。

(4)计算 P_1P_2 方向的纵向误差和横向误差。

由 P_1、P_2 点的近似坐标计算出方位角为 $\alpha_{P_1P_2}=308°20'39''$，可以把 P_1P_2 的方位角在极值方向坐标系中的角值 $\psi_{P_1P_2}=\alpha_{P_1P_2}-\varphi_{E_{12}}=177°32'30''$代入

$$\sigma_\psi^2=E_{12}^2\cos^2\psi+F_{12}^2\sin^2\psi=0.3244$$

沿贯通方向 P_1P_2 的误差称为贯通时的纵向误差，其数值为

$$\sigma_S=\sigma_\psi=\sqrt{0.3244}=0.57\ \text{dm}<0.5\ \text{m}$$

与贯通方向垂直的误差为横向误差，即将 $\psi\pm90°$代入上式，得

$$\sigma_u=\sigma_{\psi\pm90°}=\sqrt{0.0534}=0.23\ \text{dm}<0.25\ \text{m}$$

由于要求在贯通方向和重要方向上的误差不超过 0.5 m 和 0.25 m，因此该控制网能达到要求。

以 1∶2 万的比例尺，先将已知点和待定点展绘在图纸上；然后以 1∶50 的比例尺，在待定点上画误差椭圆，在待定点连线的中点上绘相对误差椭圆，如图 6-3 所示。

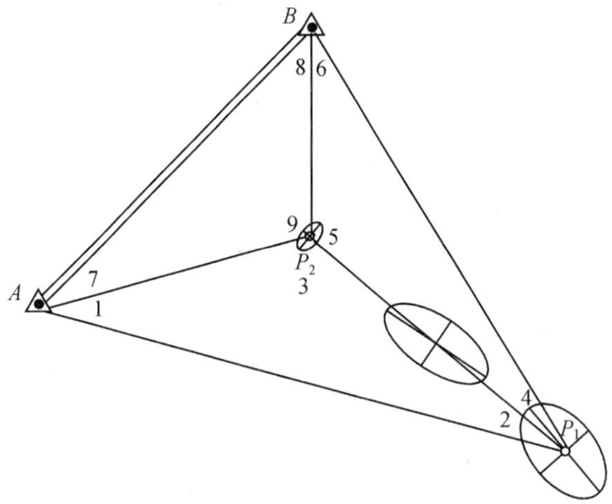

图 6-3　P_1、P_2 点的误差椭圆及相对误差椭圆

第 7 章　综合技能实训

§7.1　填空题

1. 用"相等"、"相同"或"不等"填空：已知两段距离的长度及其中误差为 300.158 m±3 mm；600.686 m±3 mm，则

(1)这两段距离的中误差(　　　　)。

(2)这两段距离的误差的最大限差(　　　　)。

(3)这两段距离的精度(　　　　)。

(4)这两段距离的相对精度(　　　　)。

2. 设 β 的权为 1，则乘积 4β 的权为(　　)。

3. 有一角度测 20 个测回，得中误差 0.42(″)，如果要使其中误差为 0.28(″)，则还需再增加(　　)个测回。

4. 某平面控制网经平差后得出 P 点坐标的协因数阵为 $\boldsymbol{Q}_{\hat{X}\hat{X}}=\begin{bmatrix}1.69 & 0.00\\0.00 & 1.69\end{bmatrix}\frac{\mathrm{dm}^2}{('')^2}$，单位权中误差为±1″，则 P 点误差椭圆参数中的 $\varphi_E=$(　　　)。

5. 设 n 个同精度独立观测值的权均为 p，其算术平均值的权为 $\bar{p}$，则 $\frac{p}{\bar{p}}=$(　　　)。

6. 已知水准测量中，某两点间的水准路线长为 $D=10$ km，若每公里高差测量中误差为 20 mm，则该段水准高差测量中误差为(　　　　)。

7. 某段水准路线共测 20 站，若取 $c=200$ 个测站的观测高差为单位权观测值，则该段水准路线观测的权为(　)。

8. 观测值 $L_1,L_2,\cdots,L_n$ 的权为 $p_1=p_2=\cdots=p_n=2$，若 $Z=\frac{[pL]}{[p]}$，试求 Z 的权 $p_Z=$(　)。

9. 某三角网共有 100 个三角形构成，其闭合差的 $[ww]=200''$，测角中误差的估值为(　　)(计算取位至 0.1″)。

10. 某长度由 6 段构成，每段测量偶然误差的中误差为±2 mm，系统误差为 6 mm，该长度测量的综合中误差为(　　)(计算取位至 0.1 mm)。

11. 设 $\begin{bmatrix}y_1\\y_2\end{bmatrix}=\begin{bmatrix}2 & -1\\-1 & 3\end{bmatrix}\begin{bmatrix}x_1\\x_2\end{bmatrix}$，$\boldsymbol{D}_{XX}=\begin{bmatrix}3 & 2\\2 & 4\end{bmatrix}$，又设 $F=y_2+x_1$，则 $m_F^2=$(　　　)。

12. 取一长为 $2d$ 的直线，其丈量结果的权为 1，则长为 D 的直线的丈量结果的权 $p_D=$(　　　)。

13. 某平面控制网中一点 P，其协因数阵为 $\boldsymbol{Q}_{XX}=\begin{bmatrix}Q_{xx} & Q_{xy}\\Q_{yx} & Q_{yy}\end{bmatrix}=\begin{bmatrix}2.5 & -0.5\\-0.5 & 2.5\end{bmatrix}$单位权方

差 $\sigma_0^2=1.0$。则 P 点误差椭圆的方位角 $T=$(　　)。

14. 设 $\boldsymbol{Z}=\boldsymbol{FX}$,$\boldsymbol{W}=\boldsymbol{KY}$,$\boldsymbol{R}=\boldsymbol{AZ}+\boldsymbol{BW}$,其中 $\boldsymbol{A}$、$\boldsymbol{B}$、$\boldsymbol{F}$、$\boldsymbol{K}$ 为常系数阵,$\boldsymbol{Q}_{XX}$、$\boldsymbol{Q}_{YY}$ 已知,$\boldsymbol{Q}_{XY}=0$,则 $\boldsymbol{Q}_{RX}=$(　　　　　　　　),$\boldsymbol{Q}_{RR}=$(　　　　　　　　)。

15. 观测误差的精度是描述(　)的程度。

16. 丈量一个圆半径的长为 3 m,其中误差为±10 mm,则其圆周长的中误差为(　)。

17. 在平坦地区相同观测条件下测得两段观测高差及水准路线的长分别为:$h_1=10.125$ m,$S_1=3.8$ km,$h_2=-8.375$ m,$S_2=4.5$ km,那么 h_1 的精度比 h_2 的精度(　),h_2 的权比 h_1 的权(　)。

18. 间接平差中误差方程的个数等于(　　),所选参数的个数等于(　　)。

19. 控制网中,某点 P 的真位置与其平差后得到的点位的距离称为 P 点的(　　)。

20. 用钢尺丈量距离,有下列几种情况使得结果产生误差,试分别判定误差的性质及符号。

(1)尺长不准确:(　　)。

(2)尺不水平:(　　)。

(3)估读小数不准确:(　　)。

(4)尺垂曲:(　　)。

(5)尺端偏离直线方向:(　　)。

21. 在水准测量中,有下列几种情况使水准尺读数有误差,试判断误差的性质及符号。

(1)视准轴与水准轴不平行:(　　)。

(2)仪器下沉:(　　)。

(3)读数不准确:(　　)。

(4)水准尺下沉:(　　)。

22. 已知观测向量 $\boldsymbol{L}=\begin{bmatrix}L_1\\L_2\\L_3\end{bmatrix}$ 的协方差阵 $\boldsymbol{D}_{LL}=\begin{bmatrix}3&0&-1\\0&4&1\\-1&1&2\end{bmatrix}$,单位权方差 $\sigma_0^2=2$,设有函数 $f_1=L_1L_2$,$f_2=2L_1-L_3$,则 $D_{f_1}=$(　　),$D_{f_2}=$(　　),$D_{f_1f_2}=$(　　),$p_{L_1}=$(　　),$p_{L_2}=$(　　),$p_{L_3}=$(　　),$Q_{f_1f_2}=$(　　)。

23. 已知观测向量 $\boldsymbol{L}=[L_1\quad L_2]^{\mathrm{T}}$ 的协方差阵 $\boldsymbol{D}_{LL}=\begin{bmatrix}3&-1\\-1&2\end{bmatrix}$,而 L_1 关于 L_2 的协因数 $q_{L_1L_2}=-\dfrac{1}{5}$,则单位权方差 $\sigma_0^2=$(　　),$p_{L_1}=$(　　),$p_{L_2}=$(　　)。

24. 设观测值向量 $\boldsymbol{L}=[L_1\quad L_2]^{\mathrm{T}}$ 的权阵 $\boldsymbol{P}_{LL}=\begin{bmatrix}2&1\\1&3\end{bmatrix}$,已知变换 $\boldsymbol{Y}=\begin{bmatrix}y_1\\y_2\end{bmatrix}=\begin{bmatrix}1&0.5\\0.5&1\end{bmatrix}\begin{bmatrix}L_1\\L_2\end{bmatrix}+\begin{bmatrix}5\\6\end{bmatrix}$,则变换 $\boldsymbol{Y}$ 的权阵 $\boldsymbol{P}_{YY}=$(　　),相比之下 y_1 的精度比 L_1 的精度(　　),y_2 的精度比 L_2 的精度(　　)。

25. 某控制网,必要观测数 $t=3$,有 9 个观测值。若设 2 个函数独立的参数,则按(　　)法进行平差,应列(　　)个条件方程和(　　)个误差方程。

26. 第 25 题中,若选 5 个参数。就要按(　　)法进行平差,应列立(　　)个方程,其中(　　)个误差方程,(　　)个条件方程。

27. 设某平面控制网中两待定点 P_1 与 P_2 连线的坐标方位角 $\alpha_{P_1P_2}=135°$，边长 $S_{P_1P_2}=650.10$ m，经平差计算得 P_1 与 P_2 点间相对误差椭圆参数 $\varphi_{E_{12}}=75°$，$E_{12}=6$ cm，$F_{12}=4$ cm，则 P_1 与 P_2 两点间边长相对中误差为(　　)。

28. 在如图 7-1 所示的测角网中，A、B、C、D 为待定点，1～9 为角度观测值，方位角 α_1 与 α_2 为已知，若要确定该网的形状，必要观测数为(　　　)，可列(　　)个条件方程。

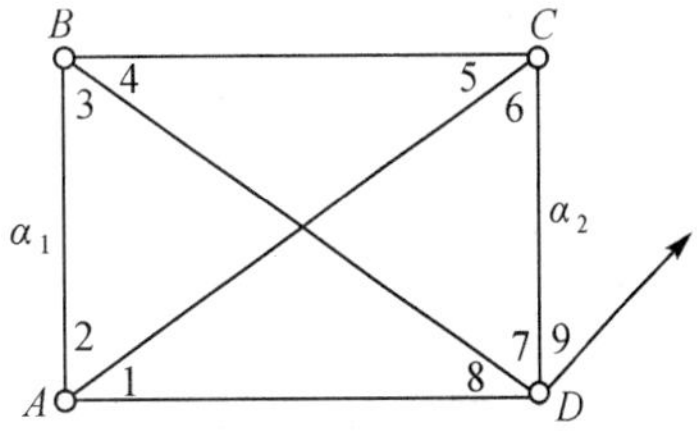

图 7-1　大地四边形

29. 在相同条件下丈量两段距离，$S_1=100$ m，$S_2=900$ m。设 S_1 丈量 3 次平均值的权 $p_1=2$，则对 S_2 丈量 5 次平均值的权 $p_2=$(　　　　)，这是以(　　　　　)作为单位权观测值。

30. 设某平差问题的函数模型(观测值是等精度的)为
$$\begin{cases} v_1 = x_1 \\ v_2 = x_2 + x_3 - 5 \\ v_3 = x_1 + x_2 - 3 \\ v_4 = x_3 \\ v_5 = x_2 \\ x_1 + x_2 + x_3 - 7 = 0 \end{cases}$$
，用此模型进行平差称为(　　　　)平差法，其观测值个数 $n=$(　　　　)，参数个数 $u=$(　　　　)，必要观测数 $t=$(　　　　)。

31. 条件平差的函数模型是(　　　　)，附有参数的条件平差的函数模型是(　　　　)，它们的随机模型是(　　　　)。

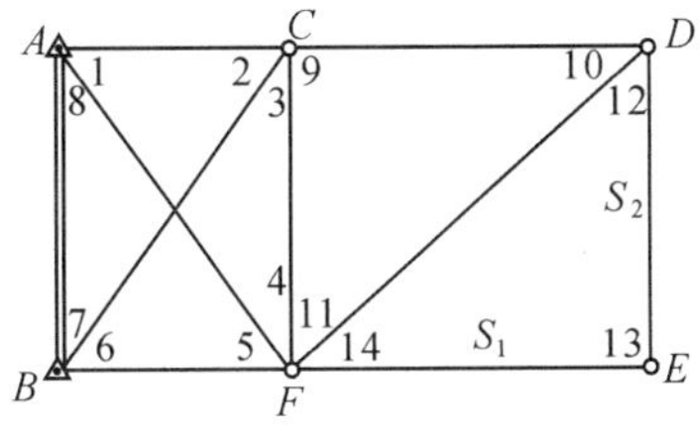

图 7-2　边角网

32. 如图 7-2 所示的控制网，A 和 B 为已知点，C、D、E、F 为待定点，观测了全网中的 14 个内角、两个边长 S_1 和 S_2，计算或回答下列问题。

(1)条件式个数为(　　　)。

(2)必要观测个数为(　　　)。

(3)写出一个极条件(不必线性化)。

(4)写出一个正弦条件(线性形式)。

填空题答案

1. (1)相等(2)相等(3)相同(4)不等

2. $\frac{1}{16}$　　3. 25　　4. 1.69　　5. n　　6. 63 mm　　7. 10

8. $2n$　　9. 0.8″　　10. 36.3 mm　　11. 36　　12. $\frac{2d}{D}$　　13. 45°或 135°

14. $\boldsymbol{Q}_{RX}=\boldsymbol{AFQ}_{XX}$　　$\boldsymbol{Q}_{RR}=\boldsymbol{AFQ}_{XX}\boldsymbol{F}^{\mathrm{T}}\boldsymbol{A}^{\mathrm{T}}+\boldsymbol{BKQ}_{XX}\boldsymbol{K}^{\mathrm{T}}\boldsymbol{B}^{\mathrm{T}}$

15. 误差分布的密集或离散程度　　16. 188.4 mm　　17. 高　小

18. 观测个数　必要观测数　　19. 点位真误差

20. (1)系统误差；当尺长大于标准尺长时，观测值小，符号为“＋”；当尺长小于标准尺长时，观测值大，符号为“－”。

(2)系统误差,符号为"-"。

(3)偶然误差,符号为"+"或"-"。

(4)系统误差,符号为"-"。

(5)系统误差,符号为"-"。

21.(1)系统误差;当 i 角为正时,符号为"-";当 i 角为负时,符号为"+"。

(2)系统误差,符号为"+"。

(3)偶然误差,符号为"+"或"-"。

(4)系统误差,符号为"-"。

22. $D_{f_1}=\begin{bmatrix} L_2 & L_1 \end{bmatrix}\begin{bmatrix} 3 & 0 \\ 0 & 4 \end{bmatrix}\begin{bmatrix} L_2 \\ L_1 \end{bmatrix}=3L_2^2+4L_1^2$

$$D_{f_2}=\begin{bmatrix} 2 & -1 \end{bmatrix}\begin{bmatrix} 3 & -1 \\ -1 & 2 \end{bmatrix}\begin{bmatrix} 2 \\ -1 \end{bmatrix}=18$$

$$D_{f_1f_2}=\begin{bmatrix} L_2 & L_1 & 0 \end{bmatrix}\begin{bmatrix} 3 & 0 & -1 \\ 0 & 4 & 1 \\ -1 & 1 & 2 \end{bmatrix}\begin{bmatrix} 2 \\ 0 \\ -1 \end{bmatrix}=-L_1+7L_2$$

$$p_{L_1}=\frac{2}{3} \qquad p_{L_2}=\frac{1}{2} \qquad p_{L_3}=1$$

$$Q_{f_1f_2}=\frac{1}{\sigma_0^2}D_{f_1f_2}=\frac{1}{2}(-L_1+7L_2)$$

23. $\sigma_0^2=5 \qquad p_{L_1}=\frac{5}{3} \qquad p_{L_2}=\frac{5}{2}$

24. $\boldsymbol{Q}_{LL}=\frac{1}{5}\begin{bmatrix} 3 & -1 \\ -1 & 2 \end{bmatrix}=\begin{bmatrix} 0.6 & -0.2 \\ -0.2 & 0.4 \end{bmatrix}$

$$\boldsymbol{Q}_{\overline{YY}}=\begin{bmatrix} 1 & 0.5 \\ 0.5 & 1 \end{bmatrix}\begin{bmatrix} 0.6 & -0.2 \\ -0.2 & 0.4 \end{bmatrix}\begin{bmatrix} 1 & 0.5 \\ 0.5 & 1 \end{bmatrix}=\begin{bmatrix} 0.5 & 0.25 \\ 0.25 & 0.35 \end{bmatrix}$$

$$\boldsymbol{P}_{\overline{YY}}=\boldsymbol{Q}_{\overline{YY}}^{-1}=\begin{bmatrix} 3.111 & -2.222 \\ -2.222 & 4.444 \end{bmatrix}$$

高　高

25. 附有未知参数的条件平差法　8 个条件方程　0 个误差方程

26. 附有限制条件的间接平差法　9 个误差方程　2 个限制条件方程

27. $m_{S_{12}}=4.582 \quad \frac{m_{S_{12}}}{S_{12}}=\frac{1}{14\ 200}$　　28. 4 个　5 个

29. $\frac{10}{27}$　　以 100 m 距离丈量 $\frac{3}{2}$ 次的平均值为单位权观测值

30. 附有限制条件的间接平差法　5　3　2

31. $\boldsymbol{AV}+\boldsymbol{W}=\boldsymbol{0} \quad \boldsymbol{AV}+\boldsymbol{B}\hat{\boldsymbol{x}}+\boldsymbol{W}=\boldsymbol{0} \quad \boldsymbol{D}_{LL}=\sigma_0^2\boldsymbol{Q}_{LL}$

32. (1)8

(2)2×4=8

(3) $\frac{\sin\hat{L}_1\sin\hat{L}_3\sin\hat{L}_5\sin\hat{L}_7}{\sin\hat{L}_2\sin\hat{L}_4\sin\hat{L}_6\sin\hat{L}_8}=1$

(4) $\frac{\hat{S}_1}{\sin\hat{L}_{12}}=\frac{\hat{S}_2}{\sin\hat{L}_{14}}$，即$\frac{\hat{S}_1\sin\hat{L}_{14}}{\hat{S}_2\sin\hat{L}_{12}}=1$线性化后可得

$$-\cot L_{12}v_{L_{12}}+\cot L_{14}v_{L_{14}}+\frac{\rho''}{S_1}v_{S_1}-\frac{\rho''}{S_2}v_{S_2}-\rho''(\frac{S_2\sin L_{12}}{S_1\sin L_{14}}-1)=0$$

§7.2　判断题

对以下说法进行正误判断：正确的选“T”，错误的选“F”。

1. 在测角中正倒镜观测是为了消除偶然误差。(　　)

2. 如果随机变量 X 和 Y 服从联合正态分布，且 X 与 Y 的协方差为 0，则 X 与 Y 相互独立。(　　)

3. 观测值与最佳估值之差为真误差。(　　)

4. 系统误差可用平差的方法进行减弱或消除。(　　)

5. 权一定与中误差的平方成反比。(　　)

6. 间接平差与条件平差一定可以相互转换。(　　)

7. 在按比例画出的误差曲线上可直接量得相应边的边长中误差。(　　)

8. 对同一量的 N 次不等精度观测值的加权平均值，与用条件平差所得的结果一定相同。(　　)

9. 无论是用间接平差还是条件平差，对于特定的平差问题，法方程阶数一定等于必要观测数。(　　)

10. 对于特定的平面控制网，如果按条件平差法解算，则条件式的个数是一定的，形式是多样的。(　　)

11. 观测值 $\boldsymbol{L}$ 的协因数阵 $\boldsymbol{Q}_{LL}$ 的主对角线元素 Q_{ii} 不一定表示观测值 L_i 的权。(　　)

12. 当观测值个数大于必要观测数时，该模型可被唯一地确定。(　　)

13. 定权时 σ_0 可任意给定，它仅起比例常数的作用。(　　)

14. 设有两个水平角的测角中误差相等，则角度值大的那个水平角相对精度高。(　　)

15. 偶然误差符合统计规律。(　　)

16. 三角形闭合差是真误差。(　　)

17. 权一定无单位。(　　)

18. 对于同一个平差问题，间接平差和条件平差的结果有可能出现显著差异。(　　)

19. 一点的纵横坐标(X,Y)均是角度观测值与边长观测值的函数，即使角度观测值与边长观测值是独立观测值，X、Y 之间也是相关的。(　　)

20. 误差椭圆的三个参数的含义分别为：φ_E 为位差极大值方向的坐标方位角；E 为位差极大值方向；F 为位差极小值方向。(　　)

21. 各观测值权之间的比例关系与各观测值中误差之间的比例关系相同。(　　)

22. 平差值是观测值的最佳估值。(　　)

23. 平差前观测值的方差阵一般是已知的。(　　)

24. 观测值精度相同，其权不一定相同。(　　)

25. 具有无偏性、一致性的平差值都是最优估计量。(　　)

26. 偶然误差与系统误差的传播规律是一致的。( )

27. 在水准测量中,估读尾数不准确产生的误差是系统误差。( )

28. 已知两段距离的长度及其中误差为 300.158 m±3.5 cm 和 600.686 m±3.5 cm,则这两段距离的最大限差相等。( )

29. 在水准测量中,由于水准尺下沉,产生系统误差,符号为"+"。( )

30. 若观测量的准确度高,其精度也一定高。( )

31. 在条件平差中,改正数方程的个数等于多余观测数。( )

32. 点位方差总是等于两个相互垂直方向上的方差之和。( )

33. 在间接平差中,直接观测量可以作为未知数,但是间接观测量则不能作为未知数。( )

判断题答案

1. F	2. T	3. F	4. F	5. T	6. T	7. T	8. T	9. F
10. T	11. T	12. F	13. T	14. F	15. T	16. T	17. F	18. F
19. T	20. T	21. F	22. T	23. F	24. F	25. T	26. F	27. F
28. T	29. T	30. F	31. T	32. T	33. F			

§7.3 选择题

以下选择题至少有一个正确选项。

1. 取一长为 d 的直线,其丈量结果的权为 1,则长为 D 的直线之丈量结果的权 p_D =( )。

A) $\frac{d}{D}$ B) $\frac{D}{d}$ C) $\frac{d^2}{D^2}$ D) $\frac{D^2}{d^2}$

2. 有一角度测 20 测回,得中误差±0.42″,如果要使其中误差为±0.28″,则还需增加的测回数 N=( )。

A) 25 B) 20 C) 45 D) 5

3. 某平面控制网中一点 P,其协因数阵为 $\boldsymbol{Q}_{XX}=\begin{bmatrix} Q_{xx} & Q_{xy} \\ Q_{yx} & Q_{yy} \end{bmatrix}=\begin{bmatrix} 0.5 & -0.25 \\ -0.25 & 0.5 \end{bmatrix}$,其单位权方差 $\sigma_0^2=2.0$,则 P 点误差椭圆的方位角 T=( )。

A) 90 B) 135 C) 120 D) 45

4. 设 L 的权为 1,则乘积 $4L$ 的权 p=( )。

A) $\frac{1}{4}$ B) 4 C) $\frac{1}{16}$ D) 16

5. 设 $\begin{bmatrix} y_1 \\ y_2 \end{bmatrix}=\begin{bmatrix} 2 & -1 \\ -1 & 3 \end{bmatrix}\begin{bmatrix} x_1 \\ x_2 \end{bmatrix}$,$\boldsymbol{D}_{XX}=\begin{bmatrix} 3 & 1 \\ 1 & 4 \end{bmatrix}$,又设 $F=x_1+y_2$,则 m_F^2=( )。

A) 9 B) 16 C) 144 D) 36

6. 下列哪些是偶然误差( )。

A)钢尺量边中的读数误差

B)测角时的读数误差

C)钢尺量边中,由于钢尺名义长度与实际长度不等造成的误差

D)垂直角测量时的竖盘指标差

7. 下列观测中,哪些是具有“多余观测”的观测活动(　　)。

A)对平面直角三角形的两个锐角之一观测一测回以确定其形状

B)对一边长往返各测量一次以确定该边的长度

C)对平面三角形的三个内角各观测一测回确定三角形的形状

D)对两点间的边长和垂直角各进行一次观测以确定两点的高差

8. 一组观测值为同精度观测值(　　)。

A)任一对观测值间的权的比是不相同的

B)对一组观测值定权时,必须根据观测值的类型选择不同的单位权方差

C)该组观测值的权倒数全为$\frac{1}{8}$

D)任两个观测值权之间的比例为 1

9. 某测角网的网形为中点多边形,其中共有 5 个三角形,实测水平角 15 个,则(　　)。

A)极条件方程 2 个　　B)必要观测数为 8 个

C)水平条件方程 2 个　　D)水平条件方程 1 个

10. 对第 9 题进行间接平差,正确的是(　　)。

A)法方程的个数为 5 个　　B)待求量的个数为 5 个

C)误差方程的个数为 15 个　　D)待求量的个数为 23 个

11. 下列观测中,具有“多余观测”观测活动的是(　　)。

A)对平面三角形的三个内角各观测一测回,以确定三角形形状

B)测定直角三角形的两个锐角和一边长,确定该直角三角形的大小及形状

C)对两边长各测量一次

D)三角高程测量中对水平边和垂直角都进行一次观测

12. 下列属于偶然误差特性的是(　　)。

A)绝对值小的误差比绝对值大的误差出现的概率小

B)当偶然误差的个数趋向极大时,偶然误差的代数和趋向零

C)误差分布的离散程度是指大部分误差绝对值小于某极限值绝对值的程度

D)误差的符号只与观测条件有关

13. 某测角网的网形为中点多边形,网中有 3 个三角形,共测水平角 9 个,则(　　)。

A)共有 5 个条件方程可列出　　B)极条件方程有 2 个

C)水平条件方程有 2 个　　D)极条件方程有 1 个

14. 对某测角网的网形为中点多边形,网中有 3 个三角形,共测水平角 9 个,若进行参数平差(　　)。

A)法方程的个数为 5 个　　B)误差方程的个数为 9 个

C)待求量的个数为 5 个　　D)待求量的个数为 13 个

15. 在 t 检验中,设置检验显著水平为 0.05,由此确定的拒绝域界限值为 1.96,某被检验

量 M 的 t 检验值为 1.99，则(　　)。

A)原假设成立　　B)备选假设不成立

C)原假设不成立　　D)备选假设成立

16. 观测条件是指(　　)。

A)产生观测误差的几个主要因素：仪器、观测者、外界条件等的综合

B)测量时的几个基本操作：仪器的对中、整平、照准、度盘配置、读数等要素的综合

C)测量时的外界环境：温度、湿度、气压、大气折光等因素的综合

D)观测时的天气状况与观测点地理状况诸因素的综合

17. 已知观测向量 $\boldsymbol{L}=\begin{bmatrix}L_1\\L_2\end{bmatrix}$ 的协方差阵为 $\boldsymbol{D}_{LL}=\begin{bmatrix}3 & -1\\-1 & 2\end{bmatrix}$，若有观测值函数 $y_1=2L_1$，$y_2=L_1+L_2$，则 $\sigma_{y_1y_2}$ 等于(　　)。

A) $\frac{1}{4}$　　B)2　　C) $\frac{1}{2}$　　D)4

18. 已知观测向量 $\boldsymbol{L}=\begin{bmatrix}L_1\\L_2\end{bmatrix}$ 的权阵 $\boldsymbol{P}_L=\begin{bmatrix}2 & -1\\-1 & 3\end{bmatrix}$，单位权方差 $\sigma_0^2=5$，则观测值 L_1 的方差 $\sigma_{L_1}^2$ 等于(　　)。

A)0.4　　B)2.5　　C)3　　D) $\frac{25}{3}$

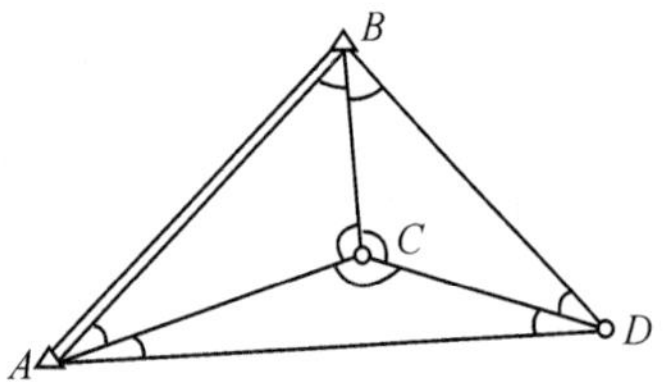

图 7-3　测角网

19. 已知测角网如图 7-3 所示，观测了各三角形的内角，判断下列结果，正确的是(　　)。

A)应列出 4 个条件方程　　B)应列出 5 个线性方程

C)有 5 个多余观测　　D)应列出 5 个角闭合条件

20. 已知条件方程：$\begin{cases}v_1-v_2+v_5+7=0\\v_3-v_4+v_5+8=0\end{cases}$，观测值协因数阵 $\boldsymbol{Q}=\mathrm{diag}(2,1,1,2,1)$，通过计算求得 $\boldsymbol{K}=[-1.333\quad -1.667]^{\mathrm{T}}$，$\boldsymbol{q}=[-1.894\quad 0.781]^{\mathrm{T}}$，据此可求得改正数 v_5 为(　　)。

A)−3.0　　B)−1.113　　C)−1.333　　D)−1.894

21. 已知误差方程为 $\begin{cases}v_1=x-5\\v_2=x+6\end{cases}$，权为 $\begin{cases}p_1=4\\p_2=6\end{cases}$，由此组成法方程为(　　)。

A) $2x+1=0$　　B) $10x+16=0$

C) $\begin{bmatrix}4 & 0\\0 & 6\end{bmatrix}x-\begin{bmatrix}5\\-6\end{bmatrix}=\begin{bmatrix}0\\0\end{bmatrix}$　　D) $\begin{bmatrix}4 & 0\\0 & 6\end{bmatrix}\begin{bmatrix}x_1\\x_2\end{bmatrix}+\begin{bmatrix}20\\-36\end{bmatrix}=\begin{bmatrix}0\\0\end{bmatrix}$

22. 已知误差方程为 $\begin{cases}v_1=x_1-5\\v_2=x_2+6\\v_3=-x_1+x_2-7\end{cases}$，权为 $\begin{cases}p_1=1\\p_2=2\\p_3=1\end{cases}$，则法方程为(　　)。

A) $\begin{bmatrix}2 & -1\\-1 & 3\end{bmatrix}\begin{bmatrix}x_1\\x_2\end{bmatrix}+\begin{bmatrix}-2\\-5\end{bmatrix}=\begin{bmatrix}0\\0\end{bmatrix}$　　B) $\begin{bmatrix}2 & -1\\-1 & 3\end{bmatrix}\begin{bmatrix}x_1\\x_2\end{bmatrix}+\begin{bmatrix}2\\5\end{bmatrix}=\begin{bmatrix}0\\0\end{bmatrix}$

C) $\begin{bmatrix}2 & 0\\0 & 3\end{bmatrix}\begin{bmatrix}x_1\\x_2\end{bmatrix}+\begin{bmatrix}-2\\-5\end{bmatrix}=\begin{bmatrix}0\\0\end{bmatrix}$　　D) $\begin{bmatrix}2 & 0\\0 & 3\end{bmatrix}\begin{bmatrix}x_1\\x_2\end{bmatrix}+\begin{bmatrix}2\\5\end{bmatrix}=\begin{bmatrix}0\\0\end{bmatrix}$

23. 已知条件方程为 $\begin{cases} v_1 + v_2 + v_3 - 2.7 = 0 \\ -v_1 + 0.6v_2 + 0.8v_{S_1} - 0.7v_{S_2} + 1.6 \doteq 0 \end{cases}$，权为 $p_1 = p_2 = p_3 = 1$，$p_{S_1} = \frac{2('')^2}{cm^2}$，$p_{S_2} = \frac{0.5('')^2}{cm^2}$，解算其法方程得 $\boldsymbol{K} = [0.8 \quad -0.5]^T$，据此可求出 v_2 为(　　)。

A) 0.8″　　B) −0.5 cm　　C) 0.5″　　D) 0.9″

24. 用钢尺量得两段距离的长度：$L_1 = 1\,000$ m ± 5 cm，$L_2 = 100$ m ± 5 cm，以下正确的说法是(　　)。

A) 由于 $\sigma_1 = \sigma_2$，故两个边长的观测精度相同

B) 由于 $L_1 > L_2$，故 $L2$ 的精度比 $L1$ 的精度高

C) 由于 $\frac{\sigma_1}{L_1} < \frac{\sigma_2}{L_2}$，故 L_1 的精度比 L_2 的精度高

D) 由于它们的中误差相同，所以它们的精度相同

选择题答案

1. A	2. A	3. B	4. C	5. D	6. AB	7. BC	8. D	9. D
10. C	11. AB	12. BC	13. AD	14. BD	15. CD	16. A	17. D	18. C
19. C	20. A	21. B	22. B	23. C	24. C			

§7.4　计算题

1. 为了检定经纬仪的精度，对已知水平角做了 9 测回的同精度观测。已知角的角度值为 50°00′15″(无误差)，9 个测回的观测结果见表 7-1。试求一个测回的观测值的中误差及其误差范围。

表 7-1　水平角观测值

测回号	观测值/(°　′　″)	测回号	观测值/(°　′　″)	测回号	观测值/(°　′　″)
1	50　00　10	4	50　00　12	7	50　00　10
2	50　00　18	5	50　00　16	8	50　00　20
3	50　00　20	6	50　00　15	9	50　00　21

2. 已知 $S_1 = 500.000$ m ± 20 mm，$S_2 = 1000.000$ m ± 20 mm。试说明：它们的真误差是否相等？它们的中误差是否相等？它们的最大误差是否相等？它们的精度是否相等？

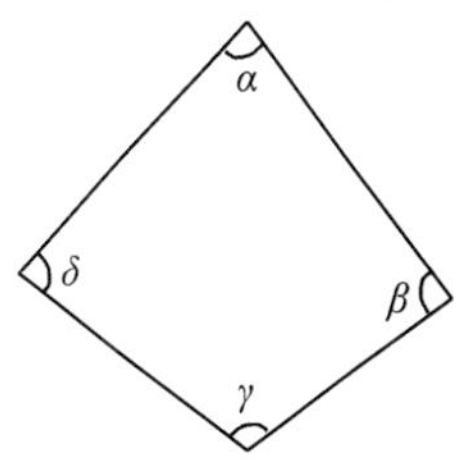

图 7-4　四边形

3. 如图 7-4 所示的四边形中，独立观测 α、β、γ 三内角，它们的中误差分别为 3.0″、4.0″、5.0″，试求：

(1) 第四个角 δ 的中误差。

(2) $F = \alpha + \beta + \gamma + \delta$ 的中误差。

4. 在用钢尺量距时，共量了 n 个尺段，设已知每一尺段的读数和对准中误差为 σ，检定误差为 ε，求全长的综合误差。

5. 角度观测一个测回的中误差为 6″，为使最后结果的中误差不超过 3″，问该角度应至少观测多少个测回？

6. 在用经纬仪测塔高的作业中，已知仪器高 1.6 m，其中误差为 2 mm，测得仪器距塔的水平距离为 $S = 200.000\ \text{m} \pm 12\ \text{mm}$，竖直角 $\alpha = 15°30'30'' \pm 20''$，试求塔高及其中误差。

7. 已知 L_1、L_2、L_3 的方差矩阵为 $\begin{bmatrix} 6 & 2 & 1 \\ 2 & 4 & -1 \\ 1 & -1 & 2 \end{bmatrix}$，试求下列函数的中误差。

(1) $F = L_1 + 3L_2 - L_3$

(2) $F = L_1 + 3L_2L_3$

8. 设同精度观测一个三角网共 20 个三角形，其闭合差见表 7-2，求三角形闭合差的中误差。

表 7-2 三角形闭合差

编号	ω/(″)	编号	ω/(″)	编号	ω/(″)	编号	ω/(″)
1	2.0	6	−1.8	11	2.2	16	−1.9
2	−1.6	7	2.6	12	−1.3	17	2.5
3	1.0	8	−2.2	13	1.8	18	−2.0
4	1.2	9	1.7	14	1.5	19	1.7
5	−2.4	10	1.5	15	−2.4	20	1.1

9. 已知观测值 $S = 500.000\ \text{m} \pm 10\ \text{mm}$，试求观测值 S 的相对中误差。

10. 设观测两个长度，结果分别为 $S_1 = 500.000\ \text{m} \pm 20\ \text{mm}$，$S_2 = 800.000\ \text{m} \pm 25\ \text{mm}$。试计算两个长度的和及差的相对中误差，并比较和与差的精度。

11. 在三角形中，同精度独立观测了两个内角，它们的中误差均为 3.0″，求第三个角的中误差。

12. 角度 α 是 4 个测回的平均值，每测回中误差为 8.0″，角度 β 是 9 个测回的平均值，每一测回的中误差为 9.0″，求 $F = \alpha - \beta$ 的中误差。

13. 若起点高程的中误差为 10 mm，而水准路线每千米的观测中误差不超过 10 mm，求全长为 25 km 的水准路线终点高程中误差。

14. 在已知点间布设一条附合水准路线，已知每公里观测中误差为 5 mm，欲使平差后最弱点（线路中点）的中误差不大于 10 mm，问该路线最长可布设多少公里？

15. 已知 h_1 的单位权中误差为 3 mm（以 4 km 为单位权），线路长为 4 km；h_2 的单位权中误差为 2 mm（以 1 km 为单位权），路线长为 9 km；h_3 的单位权中误差为 4 mm（以 4 km 为单位权），线路长为 16 km。试确定三段高差的权之比。

16. 附合水准路线长为 40 km，令每公里观测高差的权等于 10，求闭合差分配前后中点高差的权。

17. 同精度独立测得三角形 3 个内角（权均为 1）。试求将闭合差平均分配后，各内角的权及闭合差的权。

18. 设 L_1、L_2、L_3 为某量不等精度观测值，它们的权之比为 $p_1:p_2:p_3=1:2:3$。已知 L_2 的中误差为 6″，求 L_1、L_3 的中误差。

19. L 是独立观测值 L_1、L_2 的和。已知 L_1 是观测 16 次的平均值，每次观测中误差为 12″，L_2 是观测 25 次的平均值，每次观测值的中误差为 20″。以 10″为单位权的中误差，试求 L 的权。

20. 三角形有两个角用同一经纬仪测两个测回，每测回中误差为 5″，若第三个角用另一台经纬仪观测，每测回中误差为 10″，问第三个角应测几测回才能使第三个的权与第一个、第二个角的权相等？

21. 已知 L_1、L_2 的协因数阵为 $\boldsymbol{Q}_{LL}=\begin{bmatrix}2 & -1\\ -1 & 2\end{bmatrix}$，试求 $\boldsymbol{Y}=\begin{bmatrix}y_1\\ y_2\end{bmatrix}=\begin{bmatrix}1 & 1\\ 2 & 1\end{bmatrix}\begin{bmatrix}L_1\\ L_2\end{bmatrix}$ 的协因数。

22. 已知观测向量 $\boldsymbol{L}$ 的协因数阵为 $\boldsymbol{Q}_{LL}=\begin{bmatrix}2 & -1\\ -1 & 3\end{bmatrix}$，试求：

(1)观测向量 $\boldsymbol{L}$ 的权阵。

(2)观测值 L_1、L_2 的权。

23. 一距离丈量 6 次，结果如下。

$$L_1=546.535\ \text{m},\ L_2=546.548\ \text{m},\ L_3=546.520\ \text{m}$$
$$L_4=546.546\ \text{m},\ L_5=546.550\ \text{m},\ L_6=546.537\ \text{m}$$

试求该距离的最或是值及其中误差。

24. 对某角度的观测结果如下。

$$L_1=50°30'15'',L_2=50°30'10'',L_3=50°30'16'',L_4=50°30'08''$$
$$p_1=2,p_2=3,p_3=4,p_4=5$$

试求该角度最或是值及其中误差。

25. 在 A、B 两点间分 4 段进行水准测量，每段均进行往返测，所得的数据见表 7-3。

表 7-3　水准测量观测值 1

段号	距离/km	观测高差/m	
		往	返
A—1	5	−0.183	0.180
1—2	5	1.663	−1.660
2—3	10	1.436	−1.428
3—B	10	−0.050	0.060

试求：

(1)1 km 观测高差的中误差。

(2)全长单程观测高差的中误差。

(3)全长观测高差平均值的中误差。

26. 用最小二乘法的原理证明对某量进行 n 次不同精度观测，该量的最或是值为加权平均值。

27. 设某水准网的 4 个条件方程为

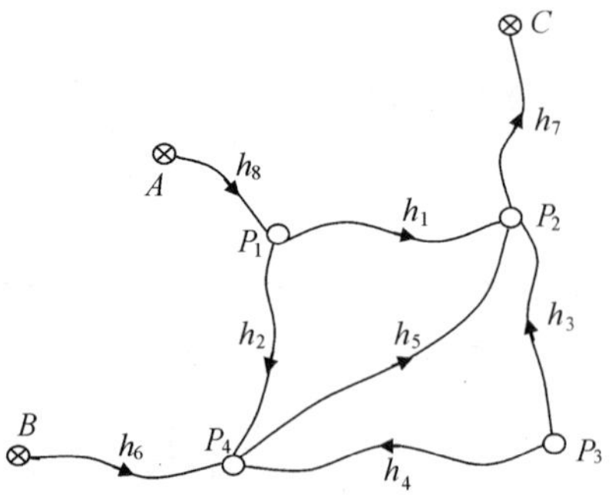

图 7-5 高程控制网

$$\begin{cases} v_2 - v_5 - v_7 - 2 = 0 \\ v_4 - v_6 + v_7 + 4 = 0 \\ v_5 - v_6 + v_8 + 4 = 0 \\ v_1 + v_4 + v_8 + 0 = 0 \end{cases}$$

各路线长度为 $S_1 = S_4 = 1\ \text{km}$，$S_2 = S_3 = S_5 = S_6 = 2\ \text{km}$，$S_7 = S_8 = 2.5\ \text{km}$。1 km观测高差为单位权观测，试组成法方程。

28. 某水准网如图 7-5 所示。已知 $H_A = 5.000\ \text{m}$，$H_B = 5.000\ \text{m}$，$H_C = 5.000\ \text{m}$。各路线的观测高程及路线的长度见表 7-4，试按条件平差法组成法方程。

表 7-4 水准测量观测值 2

序号	1	2	3	4	5	6	7	8
h/m	1.359	2.008	0.363	1.000	−0.657	0.357	0.304	−1.654
S/m	2	2	2	2	4	4	4	4

29. 如图 7-6 所示，测得 $L_1 = 35°20'15''$，$L_2 = 65°19'28''$，$L_3 = 29°59'10''$。已知 L_1、L_2、L_3 相互独立，试求平差后 $\angle AOB$ 的权倒数。

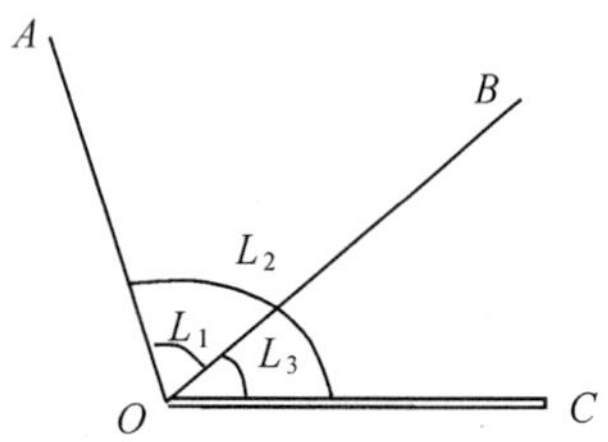

图 7-6 角度测量

30. 设分 6 段测定 A、B 两水准点间的高差，每段各测两次，其结果列于表 7-5 中。试求：

(1)每公里观测的中误差。

(2)第二段观测高差的中误差。

(3)第二段观测高差平均值的中误差。

(4)全长一次(往测或返测)观测高差的中误差及全长高差平均值的中误差。

表 7-5 水准测量观测值及平差计算

段号	高差/m		$d_i = L'_i - L''_i$/mm	d_id_i/mm²	距离 S/km	$p_id_id_i$/mm²
	L'_i	L''_i				
1	3.248	3.240	8	64	4.0	16.0
2	0.348	0.356	−8	64	3.2	20.0
3	1.444	1.437	7	49	2.0	24.5
4	−3.360	−3.352	−8	64	2.6	24.6
5	−3.699	−3.704	8	25	3.4	7.4
6	1.218	1.212	6	36	1.8	20.0
					$\sum_{i=1}^{\sigma} S = 17.0\ \text{km}$	$\sum_{i=1}^{\sigma} P_id_id_i = 112.5\ \text{mm}^2$

31. 在条件平差中，证明观测量的平差值和改正数不相关。

32. 为确定某一直线方程 $Y = AX + B$，观测了 8 个点处的 Y 值，数据见表 7-6。设观测值等精度独立，试按间接平差法求：

(1)该直线的方程。

(2)直线方程参数的观测中误差。

表 7-6　观测数据 1

X_i	1.00	2.00	3.00	4.00	5.00	6.00	7.00	8.00
Y_i	4.78	7.73	8.38	10.12	12.05	13.90	15.78	17.58

33. 在图 7-7 中，观测高差及路线长度见表 7-7。已知 $H_A=40.000$ m、$H_B=50.360$ m。试按条件平差法求：

(1)各观测值的平差值。

(2)平差后 C 点与 D 点间高差的中误差。

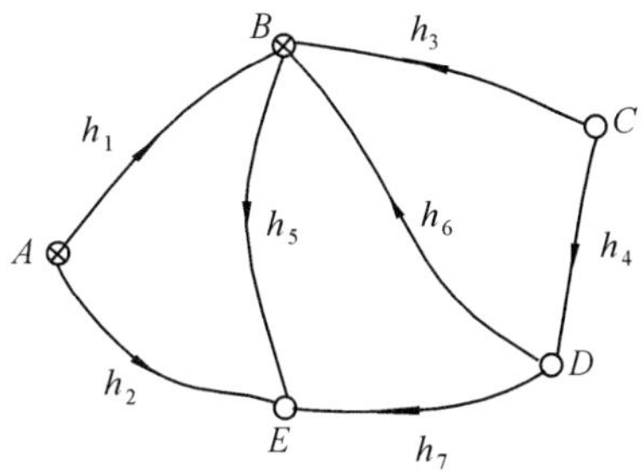

图 7-7　水准测量 1

表 7-7　水准测量观测值 3

序号	1	2	3	4	5	6	7
h/m	10.356	15.000	20.360	14.501	4.651	5.856	10.500
S/km	1	1	2	2	1	1	2

34. 水准网如图 7-8 所示。已知 $H_A=12.013$ m，$H_B=10.013$ m，观测高差及路线长度为

$$h_1=-1.004\ \text{m},\ h_2=1.516\ \text{m},\ h_3=2.512\ \text{m},\ h_4=1.520\ \text{m}$$

$$S_1=2\ \text{km},\ S_2=1\ \text{km},\ S_3=2\ \text{km},\ S_4=1.5\ \text{km}$$

试用间接平差法求：

(1)各待定点高程的平差值及中误差。

(2) P_1、P_2 点间高程差的平差值及中误差。

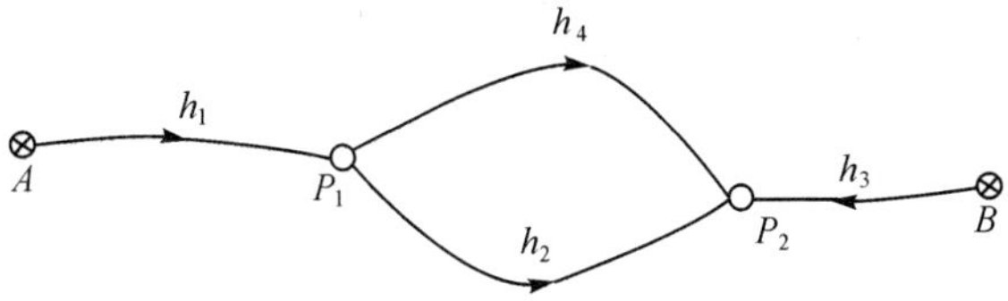

图 7-8　水准测量 2

35. 由高程已知的水准点 A、B、C 和 D 向待定点进行水准测量，如图 7-9 所示，观测值和路线长度为

$$S_1=1\ \text{km},\ S_2=2\ \text{km},\ S_3=2\ \text{km},\ S_4=1\ \text{km}$$

$$h_1=3.480\ \text{m},\ h_2=4.967\ \text{m},\ h_3=3.420\ \text{m},\ h_4=2.347\ \text{m}$$

$$H_A = 3.520\ \text{m},\ H_B = 2.035\ \text{m},\ H_C = 3.578\ \text{m},\ H_D = 4.656\ \text{m}$$

试按间接平差法求待定点 P 高程。

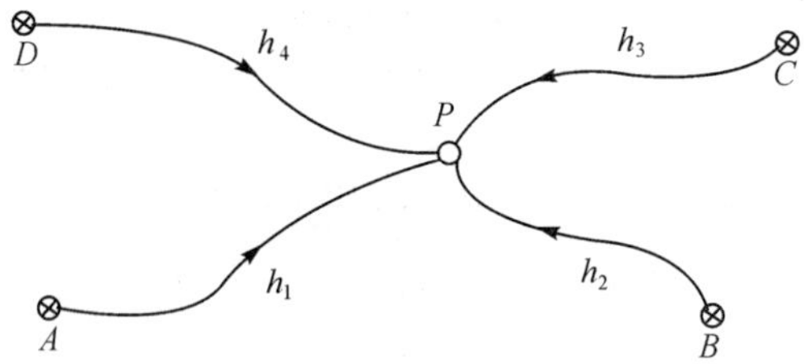

图 7-9　水准测量

36. 在测站 O 点测量了 4 个角度，如图 7-10 所示，观测值为

$$L_1 = 135°25'20'',\ L_2 = 90°40'08'',\ L_3 = 133°54'42'',\ L_4 = 226°05'43''$$

试按间接平差法列出其法方程。

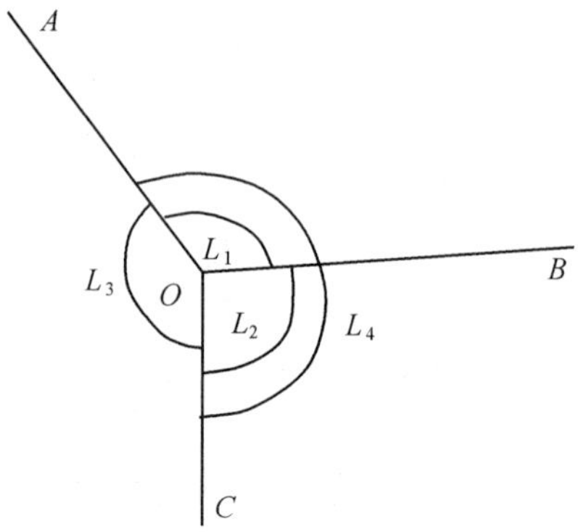

图 7-10　角度测量

37. 测边网如图 7-11 所示，A、B 为已知点。已知数据和待定点的近似坐标列于表 7-8 中。同精度观测了 5 条边，观测值见表 7-9，试按坐标平差法列出误差方程。

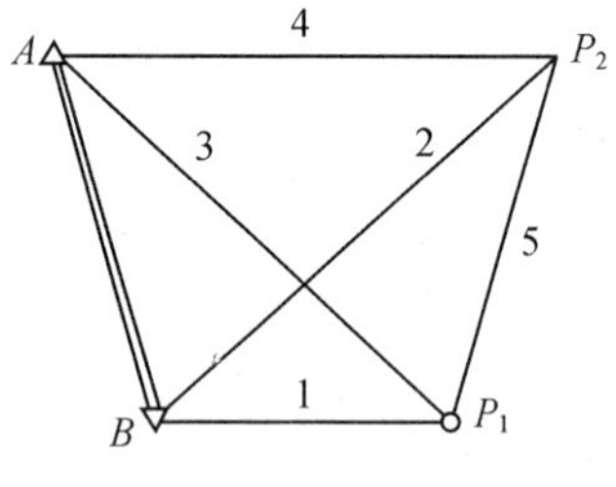

图 7-11　测边网

表 7-8　已知点坐标及待定点近似坐标

点号	坐标/m		点号	坐标/m	
	X	Y		X	Y
A	66 356.90	11 312.20	P_1	65 202.17	10 957.53
B	66 266.10	10 610.83	P_2	65 482.45	12 156.73

表 7-9　观测数据 2

边号	1	2	3	4	5
观测值/m	1 119.06	1 733.15	1 208.06	1 215.69	1 231.48

38. 如图 7-12 所示测角网，已知数据与观测数据分别见表 7-10 和表 7-11。现选待定 P 的坐标平差值为未知数，P 点近似坐标 $X^0 = 56\,574.20$ m、$Y^0 = 18\,788.28$ m。试列出误差方程。

表 7-10　已知数据

点号	坐标		坐标方位角/(° ′ ″)	边长/m
	X/m	Y/m		
A	53 338.19	20 213.27	251 53 34.0	2 554.57
B	52 544.24	17 785.21	334 17 53.3	5 611.96
C	57 600.97	15 351.37	30 59 02.7	3 323.41
D	60 450.16	17 062.26		

表 7-11　角度观测值

角号	观测值/(° ′ ″)	角号	观测值/(° ′ ″)	角号	观测值/(° ′ ″)
1	39 40 35	3	57 54 51	5	75 38 59
2	47 40 03	4	84 20 33	6	54 59 21

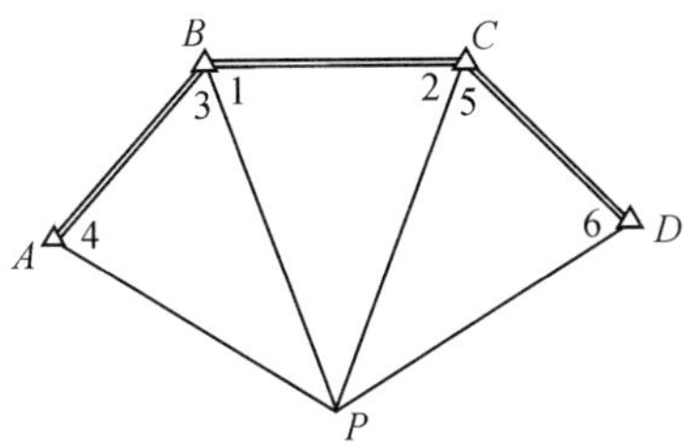

图 7-12　控制网

39. 如图 7-13 所示，对一直角房屋进行数字化，其坐标观测值见表 7-12，试按条件平差法求平差后各坐标的平差值。

表 7-12　坐标观测值

坐标点	x 坐标/m	y 坐标/m
1	5 690.505	4 817.293
2	5 689.041	4 824.941
3	5 682.312	4 823.210
4	5 683.140	4 815.730

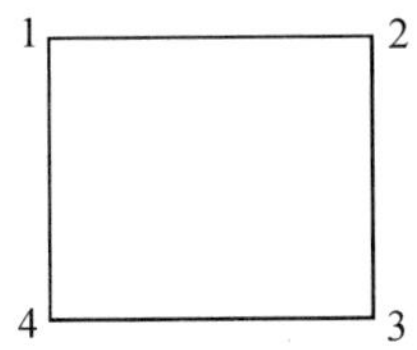

图 7-13　数字化房屋

40. 在平面控制网中插入 P_1 及 P_2 两个新点，设用间接平差法平差该网。新点坐标近似值的改正数为 $\hat{x}_1$、$\hat{y}_1$、$\hat{x}_2$、$\hat{y}_2$，其法方程为

$$\begin{cases} 906.91\hat{x}_1 + 107.07\hat{y}_1 - 426.42\hat{x}_2 - 172.17\hat{y}_2 - 94.23 = 0 \\ 107.07\hat{x}_1 + 486.22\hat{y}_1 - 177.64\hat{x}_2 - 142.65\hat{y}_2 + 41.40 = 0 \\ -426.42\hat{x}_1 - 177.64\hat{y}_1 + 716.39\hat{x}_2 + 60.25\hat{y}_2 + 52.78 = 0 \\ -172.17\hat{x}_1 - 142.65\hat{y}_1 + 60.25\hat{x}_2 + 444.60\hat{y}_2 + 1.06 = 0 \end{cases}$$

经平差计算，得单位权中误差为 $\hat{\sigma}_0 = 0.8$，试求 P_1、P_2 点的点位误差椭圆及 P_1 与 P_2 点间的相对误差椭圆。

计算题答案

1. 解：9 测回的真误差分别为 $+5''$，$-3''$，$-5''$，$+3''$，$-1''$，$0''$，$+5''$，$-5''$，$-6''$，则

$$\hat{\sigma} = \sqrt{\frac{5^2 + (-3)^2 + (-5)^2 + 3^2 + (-1)^2 + 0^2 + 5^2 + (-5)^2 + (-6)^2}{9}} = 4.1''$$

其中误差为$\pm 4.1''$。

$$\Delta_{限} = 3\sigma = 3 \times 4.1'' = 12.3''$$

误差范围为$(-12.3'', 12.3'')$。

2. 解：它们的真误差不相等，中误差相等，最大误差相等，精度不同，分别为 $\frac{1}{25\,000}$，$\frac{1}{50\,000}$。

3. 解：

$$\delta = 360° - \alpha - \beta - \gamma$$

由误差传播律得

$$\sigma_\delta^2 = \sigma_\alpha^2 + \sigma_\beta^2 + \sigma_\gamma^2 = 3^2 + 4^2 + 5^2 = 50('')^2$$

$$\sigma_\delta = 5\sqrt{2} = 7.1''$$

角 δ 的中误差为$\pm 7.1''$。

根据题意

$$F = \alpha + \beta + \gamma + \delta$$

由误差传播律得

$$\sigma_F^2 = \sigma_\alpha^2 + \sigma_\beta^2 + \sigma_\gamma^2 + \sigma_\delta^2 = 3^2 + 4^2 + 5^2 + 7.1^2 = 100('')^2$$

$$\sigma_F = 10''$$

F 的中误差为$\pm 10''$。

4. 解：量距的总长为

$$S = L_1 + L_2 + \cdots + L_n$$

其中

$$L_1 = L_2 = \cdots = L_n = L$$

$$\sigma_1 = \sigma_2 = \cdots = \sigma_n = \sigma$$

$$\varepsilon_1 = \varepsilon_2 = \cdots = \varepsilon_n = \varepsilon$$

由于 σ 是偶然误差，而 ε 是系统误差，由

$$D_{ZZ} = \sigma_1^2 + \sigma_2^2 + \cdots + \sigma_n^2 + (\varepsilon_1 + \varepsilon_2 + \cdots + \varepsilon_n)^2$$

可知，全长的综合误差为

$$\sigma_S^2 = n\sigma^2 + (n\varepsilon)^2$$

又因为 $n = \frac{S}{L}$，所以

$$\sigma_S^2 = \frac{S}{L}\sigma^2 + \frac{S^2}{L^2}\varepsilon^2$$

$$\sigma_s = \sqrt{\frac{S}{L}\sigma^2 + \frac{S^2}{L^2}\varepsilon^2}$$

5. 解：设该角度应观测 n 个测回，取 n 个测回的平均值 $\bar{L}$ 作为最后的观测结果，则

$$\bar{L} = \frac{L_1 + L_2 + \cdots + L_n}{n}$$

由误差传播律得

$$\sigma_{\bar{L}}^2 = \frac{\sigma_{L_1^2} + \sigma_{L_2^2} + \cdots + \sigma_{L_n^2}}{n^2}$$

由于等精度观测，L_1、L_2、…、L_n 的中误差相等，则有

$$\sigma_{\bar{L}}^2 \geqslant \frac{1}{n}\sigma^2, \quad \sigma_{\bar{L}} \geqslant \sqrt{\frac{1}{n}}\sigma$$

代入数据，得

$$3'' \geqslant 6''\sqrt{\frac{1}{n}}, \quad n \geqslant 4$$

所以角度至少观测 4 个测回。

6. 解：视线位置至塔顶高为 h，仪高 i，塔高为 H

$$H = i + S\tan\alpha = 57.1\ \mathrm{m}$$

对上式全微分得

$$\mathrm{d}H = \mathrm{d}i + \tan\alpha\mathrm{d}s + \frac{S\sec^2\alpha}{\rho''}\mathrm{d}\alpha$$

$$\sigma_H^2 = \begin{bmatrix} 1 & \tan\alpha & \frac{S\sec^2\alpha}{\rho''} \end{bmatrix} \begin{bmatrix} \sigma_i^2 & 0 & 0 \\ 0 & \sigma_S^2 & 0 \\ 0 & 0 & \sigma_\alpha^2 \end{bmatrix} \begin{bmatrix} 1 \\ \tan\alpha \\ \frac{S\sec^2\alpha}{\rho''} \end{bmatrix}$$

整理得

$$\sigma_H^2 = \sigma_i^2 + \tan^2\alpha\,\sigma_S^2 + \left(\frac{S\sec^2\alpha}{\rho''}\right)^2\sigma_\alpha^2$$

$$\sigma_i = 2\ \mathrm{mm}, \quad \sigma_S = 12\ \mathrm{mm}, \quad \sigma_\alpha = 20''$$

得

$$\sigma_H^2 = 15.1\ \text{mm}, \quad \sigma_H = 3.9\ \text{mm}$$

塔高为 57.1 m,它的中误差为 ± 3.9 mm。

7.解:(1)对 $F = L_1 + 3L_2 - L_3$ 进行全微分得

$$\mathrm{d}F = \mathrm{d}L_1 + 3\mathrm{d}L_2 - \mathrm{d}L_3$$

$$\sigma_F^2 = \begin{bmatrix} 1 & 3 & -1 \end{bmatrix} \begin{bmatrix} 6 & 2 & 1 \\ 2 & 4 & -1 \\ 1 & -1 & 2 \end{bmatrix} \begin{bmatrix} 1 \\ 3 \\ -1 \end{bmatrix} = 60$$

$$\sigma_F = \sqrt{60} = 7.7$$

因此其中误差为±7.7。

(2)对 $F = L_1 + 3L_2L_3$ 进行全微分得

$$\mathrm{d}F = \mathrm{d}L_1 + 3L_3\mathrm{d}L_2 + 3L_2\mathrm{d}L_3$$

则

$$\sigma_F^2 = \begin{bmatrix} 1 & 3L_3 & 3L_2 \end{bmatrix} \begin{bmatrix} 6 & 2 & 1 \\ 2 & 4 & -1 \\ 1 & -1 & 2 \end{bmatrix} \begin{bmatrix} 1 \\ 3L_3 \\ 3L_2 \end{bmatrix}$$

$$= 18L_2^2 + 36L_2L_3 + 6L_3 + 12L_3 + 6$$

8.解:由题意的

$$\hat{\sigma} = \sqrt{\frac{\sigma_{\omega_1}^2 + \sigma_{\omega_2}^2 + \sigma_{\omega_3}^2 + \cdots + \sigma_{\omega_{20}}^2}{20}} = 1.88''$$

三角形闭合差的中误差为±1.88″。

9.解:由题意得

$$\sigma_{相对} = \frac{0.01}{500} = \frac{1}{50\,000}$$

10.解:由题意得

$$S = S_1 \pm S_2$$

有

$$\sigma_S^2 = \sigma_{S_1}^2 + \sigma_{S_2}^2 = 1\,025\ \text{mm}^2$$

又

$$\sigma_S = 32\ \text{mm}$$

$$S_1 + S_2 = 1\,300\ \text{m}$$

$$S_2 - S_1 = 300\ \text{m}$$

则 S_1 和 S_2 和的相对中误差为

$$\frac{0.032}{1\,300} = \frac{1}{40\,625}$$

S_1 和 S_2 差的相对中误差为

$$\frac{0.032}{300}=\frac{1}{9\,375}$$

所以和的精度高。

11. 解：设独立观测的两个内角分别为 α、β，第三个角为 γ，则

$$\gamma = 180-\alpha-\beta$$

由误差传播律得

$$\sigma_\gamma^2=\sigma_\alpha^2+\sigma_\beta^2$$

所以有

$$\sigma_\gamma=\sqrt{\sigma_\alpha^2+\sigma_\beta^2}=4.2''$$

第三个角的中误差为$\pm 4.2''$。

12. 解：根据题意

$$\alpha=\frac{\alpha_1+\alpha_2+\alpha_3+\alpha_4}{4}$$

由中误差的传播律有

$$\sigma_\alpha^2=\frac{\sigma_{\alpha_1}^2+\sigma_{\alpha_2}^2+\sigma_{\alpha_3}^2+\sigma_{\alpha_3}^2}{16}=16('')^2$$

$$\sigma_\alpha=4''$$

同理，得

$$\sigma_\beta^2=\frac{\sigma_{\beta_1}^2+\sigma_{\beta_2}^2+\cdots+\sigma_{\beta_9}^2}{9}=9('')^2$$

$$\sigma_\beta=3''$$

因此，对 $F=\alpha-\beta$ 有

$$\sigma_F^2=\sigma_\alpha^2+\sigma_\beta^2$$

$$\sigma_F=5''$$

则 F 的中误差为$\pm 5''$。

13. 解：设起点的高程为 $H_{起}$，终点高程为 $H_{终}$，高差为 h，即

$$H_{终}=H_{起}+h$$

则

$$\sigma_{H_{终}}^2=\sigma_{H_{起}}^2+\sigma_h^2=2\,600\ \text{mm}$$

$$\sigma_{H_{终}}=\sqrt{2\,600}=51\ \text{mm}$$

因此全长 25 km 的水准路线终点高程中误差为± 51 mm。

14. 解：设该路线最长可布设 S km，则最弱点应在附合路线的中点，其高程为

$$h_{中}=\frac{1}{2}[(H_A+h_{\frac{S}{2}})+(H_B+h_{\frac{S}{2}})]$$

由误差传播律得

$$\sigma_{中}^2=\frac{1}{4}\sigma_{\frac{S}{2}}^2+\frac{1}{4}\sigma_{\frac{S}{2}}^2$$

因为每公里观测中误差为 5 mm，则

$$\sigma_{\frac{S}{2}}^2=\frac{S}{2}\sigma_{km}^2,\quad \sigma_{中}^2=\frac{S}{4}\sigma_{km}^2,\quad \sigma_{中}=\frac{5}{2}\sqrt{S}$$

要使中点高程中误差不大于 10 mm 需要满足：

$$\frac{5}{2}\sqrt{S}\leqslant 10,\quad S\leqslant 16\ \text{km}$$

所以最多可布设 16 km。

15. 解：由题意得

$$p_1=\frac{c}{S_1}=\frac{4}{4}=1,\quad p_2=\frac{c}{S_2}=\frac{1}{9},\quad p_3=\frac{c}{S_3}=\frac{4}{16}=\frac{1}{4}$$

又

$$p_i=\frac{\sigma_0^2}{\sigma_i^2}$$

所以

$$\sigma_1^2=\frac{\sigma_0^2}{p_1}=\frac{3^2}{1}=9\ \text{mm}^2,\quad \sigma_2^2=\frac{\sigma_0^2}{p_2}=\frac{4}{\frac{1}{9}}=36\ \text{mm}^2,\quad \sigma_3^2=\frac{\sigma_0^2}{p_3}=\frac{4^2}{\frac{1}{4}}=64\ \text{mm}^2$$

设

$$\sigma_0^2=1\ \text{mm}^2$$

$$p'_1:p'_2:p'_3=\frac{1}{\sigma_1^2}:\frac{1}{\sigma_2^2}:\frac{1}{\sigma_3^2}=\frac{1}{9}:\frac{1}{36}:\frac{1}{64}=64:36:9$$

16. 解：分配前已知

$$S=40\ \text{km},\quad c=10$$

设

$$H_{中}=H_A+h_A\ \text{或}\ H_{中}=H_B+h_B$$

由误差传播律得

$$\sigma_{H_{中}}^2=\sigma_{h_A}^2=\frac{S}{2}\sigma_{km}^2=20\sigma_{km}^2$$

$$p_{中}=\frac{\sigma_{km}^2}{\sigma_{H_{中}}^2}=\frac{1}{20}$$

分配后有

$$H_{中}=\frac{1}{2}[(H_A+h_A)+(H_B+h_B)]$$

$$\sigma_{H_{中}}^2=\frac{1}{4}\sigma_{h_A}^2+\frac{1}{4}\sigma_{h_B}^2=\frac{1}{4}\times 20\sigma_{km}^2+\frac{1}{4}\times 20\sigma_{km}^2=10\sigma_{km}^2$$

$$p_{中}=\frac{\sigma_{km}^2}{\sigma_{H_{中}}^2}=\frac{1}{10}$$

说明闭合差分配后权增加了,即精度提高了。

17. 解:因为

$$p_\alpha = p_\beta = p_\gamma = 1$$

并设

$$\sigma_\alpha = \sigma_\beta = \sigma_\gamma = \sigma_0$$

所以

$$\omega = \alpha + \beta + \gamma - 180$$

$$\sigma_\omega^2 = 3\sigma_0^2$$

$$p_\omega = \frac{\sigma_0^2}{\sigma_\omega^2} = \frac{1}{3}$$

另根据闭合差平均分配有

$$\hat{\alpha} = \alpha - \frac{1}{3}\omega = \frac{2}{3}\alpha - \frac{1}{3}\beta - \frac{1}{3}\gamma + 60$$

$$\sigma_{\hat{\alpha}}^2 = \frac{4}{9}\sigma_\alpha^2 + \frac{1}{9}\sigma_\beta^2 + \frac{1}{9}\sigma_\gamma^2 = \frac{2}{3}\sigma_0^2$$

$$p_{\hat{\alpha}} = \frac{\sigma_0^2}{\sigma_{\hat{\alpha}}^2} = 1.5$$

同理可得

$$p_{\hat{\alpha}} = p_{\hat{\beta}} = p_{\hat{\gamma}} = 1.5$$

18. 解:设 p_1 为 1,由

$$p_1 : p_2 : p_3 = 1 : 2 : 3$$

有 $p_2 = 2$,$p_3 = 3$。又

$$p_2 = \frac{\sigma_0^2}{\sigma_{L_2}^2}$$

所以

$$\sigma_0^2 = p_2\sigma_{L_2}^2 = 2 \times 6^2 = 72('')^2$$

$$\sigma_0 = 6\sqrt{2}('')$$

$$\sigma_{L_1} = \sigma_0\sqrt{p_1} = 6\sqrt{2}('')$$

$$\sigma_{L_3} = \sigma_0\sqrt{p_3} = 6\sqrt{6}('')$$

L_1、L_3 的中误差分别为 $\pm 6\sqrt{2}('')$ 与 $\pm 6\sqrt{6}('')$。

19. 解:由误差传播律得

$$\sigma_{L_1} = \frac{\sigma_1}{\sqrt{n_1}} = 3''$$

$$\sigma_{L_2} = \frac{\sigma_2}{\sqrt{n_2}} = 4''$$

因为

$$L=L_1+L_2$$
$$\sigma_L^2=\sigma_{L_1}^2+\sigma_{L_2}^2=25$$
$$\sigma_L=5''$$

已知 $\sigma_0=10''$，所以有

$$p_L=\frac{\sigma_0^2}{\sigma_L^2}=4$$

20. 解：设需测 n 个测回，则有

$$\sigma_1^{(2)}=\sigma_2^{(2)}=\frac{\sigma_1}{\sqrt{2}}=\frac{5\sqrt{2}}{2},\quad \sigma_3^{(n)}=\frac{\sigma_3}{\sqrt{n}}=\frac{10}{\sqrt{n}}$$

要使第三个角的权和第一个角、第二个角的权相等，即中误差相同，则有

$$\frac{5\sqrt{2}}{2}=\frac{10}{\sqrt{n}}$$
$$n=8$$

因此，需要 8 个测回。

21. 解：根据

$$\boldsymbol{Q}_{ZZ}=\boldsymbol{K}\boldsymbol{Q}_{XX}\boldsymbol{K}^{\mathrm{T}}$$

有

$$\boldsymbol{Q}_{YY}=\begin{bmatrix}1 & 1\\2 & 1\end{bmatrix}\begin{bmatrix}2 & -1\\-1 & 2\end{bmatrix}\begin{bmatrix}1 & 2\\1 & 1\end{bmatrix}=\begin{bmatrix}2 & 3\\3 & 6\end{bmatrix}$$

22. 解：(1) L 的权阵为

$$\boldsymbol{P}_L=\boldsymbol{Q}_L^{-1}=\frac{1}{5}\begin{bmatrix}2 & -1\\-1 & 3\end{bmatrix}=\begin{bmatrix}\frac{3}{5} & \frac{1}{5}\\ \frac{1}{5} & \frac{2}{5}\end{bmatrix}$$

(2) L_1 的协因数为 2，L_2 的协因数为 3，故

$$p_{L_1}=\frac{1}{Q_{L_1L_1}}=\frac{1}{2},\quad p_{L_2}=\frac{1}{Q_{L_2L_2}}=\frac{1}{3}$$

23. 解：

$$\hat{L}=\frac{L_1+L_2+L_3+L_4+L_5+L_6}{6}=546.5393\ \mathrm{m}$$
$$v_{L_1}=4.3\ \mathrm{mm},\ v_{L_2}=-8.7\ \mathrm{mm},\ v_{L_3}=19.3\ \mathrm{mm}$$
$$v_{L_4}=-7\ \mathrm{mm},\ v_{L_5}=-11\ \mathrm{mm},\ v_{L_6}=2.3\ \mathrm{mm}$$
$$\sigma_0=\sqrt{\frac{[pvv]}{n-1}}=\sqrt{\frac{631.34}{5}}=11.2\ \mathrm{mm}$$
$$\sigma_{\hat{L}}=\frac{\sigma_0}{\sqrt{6}}=4.6\ \mathrm{mm}$$

因此该距离的中误差为 ± 4.6 mm。

24. 解：

$$\hat{L}=\frac{p_1L_1+p_2L_2+p_3L_3+p_4L_4}{p_1+p_2+p_3+p_4}=50°30'11.7''$$

$$v_{L_1}=-3.3'',\ v_{L_2}=1.7'',\ v_{L_3}=-4.3'',\ v_{L_4}=3.7''$$

$$\sigma_0=\sqrt{\frac{[pvv]}{n-1}}=\sqrt{\frac{172.86}{3}}=7.6''$$

$$\sigma_{\hat{L}}=\sigma_0\sqrt{\frac{1}{[p]}}=7.6''\sqrt{\frac{1}{14}}=2.0''$$

因此该角度的中误差为±2.0″。

25. 解：(1)令 $c=1$，即 $p_{\mathrm{km}}=1$，则各观测高差的权分别为

$$p_1=\frac{c}{S_1}=\frac{1}{5},\ p_2=\frac{c}{S_2}=\frac{1}{5},\ p_3=\frac{c}{S_3}=\frac{1}{10},\ p_4=\frac{c}{S_4}=\frac{1}{10}$$

所以有

$$\sigma_0=\sqrt{\frac{[pdd]}{2n}}=\sqrt{\frac{20}{8}}=1.6\ \mathrm{mm}$$

当 $S=1$ km 时，$p_{\mathrm{km}}=\frac{c}{S}=1$，则

$$\sigma_{\mathrm{km}}=\sigma_0\sqrt{\frac{1}{p_{\mathrm{km}}}}=1.6\ \mathrm{mm}$$

1 km 观测高差的中误差为±1.6 mm。

(2)全长 $S=5+5+10+10=30$ km 时，$p=\frac{c}{S}=\frac{1}{30}$，则

$$\sigma_{全长}=\sigma_0\sqrt{\frac{1}{p}}=8.8\ \mathrm{mm}$$

全长单程观测高差的中误差为±8.8 mm。

(3)由

$$L=\frac{L_{往}+L_{返}}{2}$$

$$\sigma_L=\sqrt{\frac{\sigma_{L_{往}}^2+\sigma_{L_{返}}^2}{4}}=\frac{\sigma_{L_{往}}}{\sqrt{2}}=\frac{8.8}{\sqrt{2}}=6.2\ \mathrm{mm}$$

全长观测高差平均值的中误差为±6.2 mm。

26. 证明：假设 n 次不等精度观测 $L_1, L_2, \cdots, L_n$ 得到的最或是值为 $\hat{X}$，则

$$v_i=\hat{X}-L_i$$

$$\boldsymbol{V}^{\mathrm{T}}\boldsymbol{PV}=\begin{bmatrix}\hat{X}-L_1 & \hat{X}-L_2 & \cdots & \hat{X}-L_n\end{bmatrix}\begin{bmatrix}p_1 & 0 & \cdots & 0\\ 0 & p_2 & \cdots & 0\\ \vdots & \vdots & \ddots & \vdots\\ 0 & 0 & \cdots & p_n\end{bmatrix}\begin{bmatrix}\hat{X}-L_1\\ \hat{X}-L_2\\ \vdots\\ \hat{X}-L_n\end{bmatrix}=$$

$$p_1(\hat{X}-L_1)^2+p_2(\hat{X}-L_2)^2+\cdots+p_n(\hat{X}-L_n)^2$$

为使 $\boldsymbol{V}^{\mathrm{T}}\boldsymbol{PV}$ 最小，应使

$$\frac{\partial \boldsymbol{V}^{\mathrm{T}}\boldsymbol{PV}}{\partial \hat{X}}=0$$

即

$$2p_1(\hat{X}-L_1)+2p_2(\hat{X}-L_2)+\cdots+2p_n(\hat{X}-L_n)=0$$

$$(p_1+p_2+\cdots+p_n)\hat{X}=p_1L_1+p_2L_2+\cdots+p_nL_n$$

$$\hat{X}=\frac{p_1L_1+p_2L_2+\cdots+p_nL_n}{p_1+p_2+\cdots+p_n}=\frac{\sum p_iL_i}{\sum p_i}$$

表明 $\hat{X}$ 是满足 $\boldsymbol{V}^{\mathrm{T}}\boldsymbol{PV}$ 最小的最或是值。

27. 解：由题意得

$$\boldsymbol{A}=\begin{bmatrix}0&1&0&0&-1&0&-1&0\\0&0&0&1&0&-1&1&0\\0&0&0&0&1&-1&0&1\\1&0&0&1&0&0&0&1\end{bmatrix}$$

$$\boldsymbol{A}^{\mathrm{T}}=\begin{bmatrix}0&0&0&1\\1&0&0&0\\0&0&0&0\\0&1&0&1\\-1&0&1&0\\0&-1&-1&0\\-1&1&0&0\\0&0&1&1\end{bmatrix}$$

$$\boldsymbol{W}=[-2\quad 4\quad 4\quad 0]^{\mathrm{T}}$$

又由

$$c=1,\quad p_i=\frac{c}{S_i}$$

可知

$$\boldsymbol{P}^{-1}=\begin{bmatrix}1&0&0&0&0&0&0&0\\0&2&0&0&0&0&0&0\\0&0&2&0&0&0&0&0\\0&0&0&1&0&0&0&0\\0&0&0&0&2&0&0&0\\0&0&0&0&0&2&0&0\\0&0&0&0&0&0&2.5&0\\0&0&0&0&0&0&0&2.5\end{bmatrix}$$

则

$$\boldsymbol{N}_{aa}=\boldsymbol{A}\boldsymbol{P}^{-1}\boldsymbol{A}^{\mathrm{T}}$$

$$=\begin{bmatrix}0&1&0&0&-1&0&-1&0\\0&0&0&1&0&-1&1&0\\0&0&0&0&1&-1&0&1\\1&0&0&1&0&0&0&1\end{bmatrix}\begin{bmatrix}1&0&0&0&0&0&0&0\\0&2&0&0&0&0&0&0\\0&0&2&0&0&0&0&0\\0&0&0&1&0&0&0&0\\0&0&0&0&2&0&0&0\\0&0&0&0&0&2&0&0\\0&0&0&0&0&0&2.5&0\\0&0&0&0&0&0&0&2.5\end{bmatrix}\begin{bmatrix}0&0&0&1\\1&0&0&0\\0&0&0&0\\0&1&0&1\\-1&0&1&0\\0&-1&-1&0\\-1&1&0&0\\0&0&1&1\end{bmatrix}$$

$$=\begin{bmatrix}6.5&-2.5&-2&0\\-2.5&5.5&2&1\\-2&2&6.5&2.5\\0&1&2.5&4.5\end{bmatrix}$$

所以法方程为

$$\begin{bmatrix}6.5&-2.5&-2&0\\-2.5&5.5&2&1\\-2&2&6.5&2.5\\0&1&2.5&4.5\end{bmatrix}\boldsymbol{K}+\begin{bmatrix}-2\\4\\4\\0\end{bmatrix}=\boldsymbol{0}$$

28. 解：由题意得 $n=8,t=4,r=n-t=4$，则

$$\begin{cases}\hat{h}_1-\hat{h}_2-\hat{h}_5=0\\\hat{h}_3-\hat{h}_4-\hat{h}_5=0\\\hat{h}_1+\hat{h}_7+\hat{h}_8+H_A-H_C=0\\\hat{h}_2-\hat{h}_6+\hat{h}_8+H_A-H_B=0\end{cases}$$

由于

$$\hat{h}_i=h_i+v_i$$

则

$$\begin{cases}(h_1+v_1)-(h_2+v_2)-(h_5+v_5)=0\\(h_3+v_3)-(h_4+v_4)-(h_5+v_5)=0\\(h_1+v_1)+(h_7+v_7)+(h_8+v_8)+H_A-H_C=0\\(h_2+v_2)-(h_6+v_6)+(h_8+v_8)+H_A-H_B=0\end{cases}$$

所以有

$$\begin{cases}v_1-v_2-v_5+8=0\\v_3-v_4-v_5+20=0\\v_1+v_7+v_8+9=0\\v_2-v_6+v_8-3=0\end{cases}$$

式中闭合差的单位为毫米(mm)。

则

$$\boldsymbol{A}=\begin{bmatrix}1&-1&0&0&-1&0&0&0\\0&0&1&-1&-1&0&0&0\\1&0&0&0&0&0&1&1\\0&1&0&0&0&-1&0&1\end{bmatrix}$$

设 $c=2, p_i=\dfrac{2}{S_i}$，有

$$\boldsymbol{P}^{-1}=\begin{bmatrix}1&0&0&0&0&0&0&0\\0&1&0&0&0&0&0&0\\0&0&1&0&0&0&0&0\\0&0&0&1&0&0&0&0\\0&0&0&0&2&0&0&0\\0&0&0&0&0&2&0&0\\0&0&0&0&0&0&2&0\\0&0&0&0&0&0&0&2\end{bmatrix}$$

$$\boldsymbol{AP}^{-1}\boldsymbol{A}^{\mathrm{T}}=\begin{bmatrix}4&2&1&-1\\2&4&0&0\\1&0&5&2\\-1&0&2&5\end{bmatrix}$$

则法方程为

$$\begin{bmatrix}4&2&1&-1\\2&4&0&0\\1&0&5&2\\-1&0&2&5\end{bmatrix}\boldsymbol{K}+\begin{bmatrix}8\\20\\9\\-3\end{bmatrix}=\boldsymbol{0}$$

29. 解：由题意知，$n=3, t=2, r=1$，得到平差值条件方程为

$$\hat{L}_1-\hat{L}_2+\hat{L}_3=0$$

所以有

$$v_1-v_2+v_3-3=0$$

式中闭合差的单位为角秒(″)。则

$$\boldsymbol{A}=[1\quad -1\quad 1]$$

在同精度观测下，所以有

$$\boldsymbol{P}^{-1}=\begin{bmatrix}1&0&0\\0&1&0\\0&0&1\end{bmatrix}$$

则

$$\boldsymbol{N}_{aa}=\boldsymbol{AP}^{-1}\boldsymbol{A}^{\mathrm{T}}=[1\quad -1\quad 1]\begin{bmatrix}1&0&0\\0&1&0\\0&0&1\end{bmatrix}\begin{bmatrix}1\\-1\\1\end{bmatrix}=3$$

由

$$\boldsymbol{N}_{aa}\boldsymbol{K}+\boldsymbol{W}=\boldsymbol{0}$$

有

$$\boldsymbol{K}=-\boldsymbol{N}_{aa}^{-1}\boldsymbol{W}=-\frac{1}{3}\times(-3)=1$$

则

$$\boldsymbol{V}=\boldsymbol{P}^{-1}\boldsymbol{A}^{\mathrm{T}}\boldsymbol{K}=\begin{bmatrix}1\\-1\\1\end{bmatrix}$$

可得

$$\begin{cases}\hat{L}_1=L_1+v_1=35°20'16''\\\hat{L}_2=L_2+v_2=65°19'27''\\\hat{L}_3=L_3+v_3=29°59'11''\end{cases}$$

因为

$$\angle AOB=\hat{L}_2-\hat{L}_3$$

$$\boldsymbol{F}=\begin{bmatrix}0\\1\\-1\end{bmatrix}$$

$$\boldsymbol{A}\boldsymbol{P}^{-1}\boldsymbol{F}=[1\quad -1\quad 1]\begin{bmatrix}1&0&0\\0&1&0\\0&0&1\end{bmatrix}\begin{bmatrix}0\\1\\-1\end{bmatrix}=-2$$

由

$$\boldsymbol{N}_{aa}\boldsymbol{q}+\boldsymbol{A}\boldsymbol{P}^{-1}\boldsymbol{F}=\boldsymbol{0}$$

得

$$\boldsymbol{q}=\frac{2}{3}$$

所以

$$\frac{1}{p_{\hat{\Phi}}}=\boldsymbol{F}^{\mathrm{T}}\boldsymbol{P}^{-1}\boldsymbol{F}+(\boldsymbol{A}\boldsymbol{P}^{-1}\boldsymbol{F})^{\mathrm{T}}\boldsymbol{q}=\frac{2}{3}$$

或直接利用平差值函数的协因素传播律公式，得

$$\frac{1}{p_{\hat{\Phi}}}=\boldsymbol{F}^{\mathrm{T}}\boldsymbol{P}^{-1}\boldsymbol{F}-(\boldsymbol{A}\boldsymbol{P}^{-1}\boldsymbol{F})^{\mathrm{T}}\boldsymbol{N}^{-1}(\boldsymbol{A}\boldsymbol{P}^{-1}\boldsymbol{F})=\frac{2}{3}$$

30. 解：令 $c=1$，即令 1 km 观测高差为单位权观测值，其数字计算见表 7-5。

(1)单位权中误差(每公里观测高差的中误差)为

$$\hat{\sigma}_0=\hat{\sigma}_{\mathrm{km}}=\sqrt{\frac{\sum_{i=1}^{6}p_i d_i d_i}{2n}}=\sqrt{\frac{112.5}{12}}=3.1\ \mathrm{mm}$$

(2)第二段观测高差的中误差为

$$\hat{\sigma}_2=\hat{\sigma}_{km}\sqrt{\frac{1}{p_2}}=3.1\sqrt{3.2}=5.5\ \text{mm}$$

(3)第二段高差平均值的中误差为

$$\hat{\sigma}_{\bar{L}_2}=\frac{\hat{\sigma}_2}{\sqrt{2}}=3.9\ \text{mm}$$

(4)全长一次观测高差的中误差为

$$\hat{\sigma}_{全}=\hat{\sigma}_{km}\sqrt{\sum_{i=1}^{6}S_i}=3.1\sqrt{17.0}=12.8\ \text{mm}$$

全长高差平均值的中误差为

$$\hat{\sigma}_{\bar{L}_{全}}=\frac{\hat{\sigma}_{全}}{\sqrt{2}}=\frac{12.8}{\sqrt{2}}=9.0\ \text{mm}$$

31.证明:在条件平差中

$$\begin{aligned}\boldsymbol{V}&=\boldsymbol{QA}^{\mathrm{T}}\boldsymbol{K}=-\boldsymbol{QA}^{\mathrm{T}}\boldsymbol{N}_{aa}^{-1}(\boldsymbol{AL}+\boldsymbol{A}_0)\\&=-\boldsymbol{QA}^{\mathrm{T}}\boldsymbol{N}_{aa}^{-1}\boldsymbol{AL}-\boldsymbol{QA}^{\mathrm{T}}\boldsymbol{N}_{aa}^{-1}\boldsymbol{A}_0\end{aligned}$$

$$\begin{aligned}\hat{\boldsymbol{L}}&=\boldsymbol{L}+\boldsymbol{V}=\boldsymbol{L}-\boldsymbol{QA}^{\mathrm{T}}\boldsymbol{N}_{aa}^{-1}\boldsymbol{AL}-\boldsymbol{QA}^{\mathrm{T}}\boldsymbol{N}_{aa}^{-1}\boldsymbol{A}_0\\&=(\boldsymbol{I}-\boldsymbol{QA}^{\mathrm{T}}\boldsymbol{N}_{aa}^{-1}\boldsymbol{A})\boldsymbol{L}-\boldsymbol{QA}^{\mathrm{T}}\boldsymbol{N}_{aa}^{-1}\boldsymbol{A}_0\end{aligned}$$

$$\begin{aligned}\boldsymbol{Q}_{V\hat{L}}&=(-\boldsymbol{QA}^{\mathrm{T}}\boldsymbol{N}_{aa}^{-1}\boldsymbol{A})\boldsymbol{Q}(\boldsymbol{I}-\boldsymbol{QA}^{\mathrm{T}}\boldsymbol{N}_{aa}^{-1}\boldsymbol{A})^{\mathrm{T}}\\&=-\boldsymbol{QA}^{\mathrm{T}}\boldsymbol{N}_{aa}^{-1}\boldsymbol{AQ}+\boldsymbol{QA}^{\mathrm{T}}\boldsymbol{N}_{aa}^{-1}\boldsymbol{AQA}^{\mathrm{T}}\boldsymbol{N}_{aa}^{-1}\boldsymbol{AQ}\\&=-\boldsymbol{P}^{-1}\boldsymbol{A}^{\mathrm{T}}\boldsymbol{N}_{aa}^{-1}\boldsymbol{AQ}+\boldsymbol{P}^{-1}\boldsymbol{A}^{\mathrm{T}}\boldsymbol{N}_{aa}^{-1}\boldsymbol{AQ}\\&=\boldsymbol{0}\end{aligned}$$

由此可知,在条件平差中观测量平差值和其改正数是不相关的。

32.解:(1)根据题意可知,$n=8$,$t=2$。设 $\hat{A}=2.00+\hat{a}$,$\hat{B}=1.00+\hat{b}$,可列出误差方程为

$$v_i=\hat{a}X_i+\hat{b}-(Y_i-2X_i-1)$$

代入每对观测值,得

$$\begin{cases}v_1=\hat{a}+\hat{b}-1.78\\v_2=2\hat{a}+\hat{b}-2.73\\v_3=3\hat{a}+\hat{b}-1.38\\v_4=4\hat{a}+\hat{b}-1.12\\v_5=5\hat{a}+\hat{b}-1.05\\v_6=6\hat{a}+\hat{b}-0.90\\v_7=7\hat{a}+\hat{b}-0.78\\v_8=8\hat{a}+\hat{b}-0.58\end{cases}$$

组成法方程为

$$\begin{bmatrix}204 & 36\\ 36 & 8\end{bmatrix}\begin{bmatrix}\hat{a}\\ \hat{b}\end{bmatrix}-\begin{bmatrix}36.61\\ 10.32\end{bmatrix}=\mathbf{0}$$

可得

$$\begin{bmatrix}\hat{a}\\ \hat{b}\end{bmatrix}=\begin{bmatrix}204 & 36\\ 36 & 8\end{bmatrix}^{-1}\begin{bmatrix}36.61\\ 10.32\end{bmatrix}=\begin{bmatrix}0.0238 & -0.1071\\ -0.1071 & 0.6071\end{bmatrix}\begin{bmatrix}36.61\\ 10.32\end{bmatrix}=\begin{bmatrix}-0.234\\ 2.343\end{bmatrix}$$

$$\begin{bmatrix}\hat{A}\\ \hat{B}\end{bmatrix}=\begin{bmatrix}1.766\\ 3.434\end{bmatrix}$$

则直线方程为

$$Y=1.766X+3.434$$

(2)观测值改正数

$$\mathbf{V}=[0.329\quad -0.855\quad 0.261\quad 0.287\quad 0.123\quad 0.039\quad -0.075\quad -0.109]^{\mathrm{T}}$$

$$\hat{\sigma}_0=\sqrt{\frac{\mathbf{V}^{\mathrm{T}}\mathbf{V}}{n-t}}=\sqrt{\frac{1.0239}{6}}=0.413$$

$$\sigma_{\hat{A}}=\hat{\sigma}_0\sqrt{Q_{\hat{A}\hat{A}}}=0.413\times\sqrt{0.0238}=0.06$$

$$\sigma_{\hat{B}}=\hat{\sigma}_0\sqrt{Q_{\hat{B}\hat{B}}}=0.413\times\sqrt{0.6071}=0.32$$

则 A、B 的中误差分别为 ± 0.06、± 0.32。

33.(1)解:本题中,$n=7$,$t=3$,$r=4$,可列出平差值条件方程为

$$\begin{cases}\hat{h}_1-\hat{h}_2+\hat{h}_5=0\\ \hat{h}_5+\hat{h}_6-\hat{h}_7=0\\ \hat{h}_3-\hat{h}_4-\hat{h}_6=0\\ \hat{h}_1+H_A-H_B=0\end{cases}$$

带入观测数据,得改正数条件方程

$$\begin{cases}v_1-v_2+v_5+7=0\\ v_5+v_6-v_7+7=0\\ v_3-v_4-v_6+3=0\\ v_1-4=0\end{cases}$$

式中闭合差的单位为毫米(mm)。即

$$\mathbf{A}=\begin{bmatrix}1 & -1 & 0 & 0 & 1 & 0 & 0\\ 0 & 0 & 0 & 0 & 1 & 1 & -1\\ 0 & 0 & 1 & -1 & 0 & -1 & 0\\ 1 & 0 & 0 & 0 & 0 & 0 & 0\end{bmatrix},\quad \mathbf{W}=\begin{bmatrix}7\\ 7\\ 3\\ -4\end{bmatrix}$$

令 $c=1$,$p_i^{-1}=\dfrac{S_i}{c}$,得

$$\boldsymbol{P}^{-1}=\begin{bmatrix}1&0&0&0&0&0&0\\0&1&0&0&0&0&0\\0&0&2&0&0&0&0\\0&0&0&2&0&0&0\\0&0&0&0&1&0&0\\0&0&0&0&0&1&0\\0&0&0&0&0&0&2\end{bmatrix}$$

则法方程系数阵为

$$\boldsymbol{N}_{aa}=\boldsymbol{A}\boldsymbol{P}^{-1}\boldsymbol{A}^{\mathrm{T}}=\begin{bmatrix}3&1&0&1\\1&4&-1&0\\0&-1&5&0\\1&0&0&1\end{bmatrix}$$

又有

$$\boldsymbol{N}_{aa}^{-1}=\begin{bmatrix}0.5758&-0.1515&-0.0303&-0.5758\\-0.1515&0.3030&0.0606&0.1515\\-0.0303&0.0606&0.2121&0.0303\\-0.5758&0.1515&0.0303&1.5758\end{bmatrix}$$

$$\boldsymbol{K}=-\boldsymbol{N}_{aa}^{-1}\boldsymbol{W}=\begin{bmatrix}-5.2\\-0.6\\-0.7\\9.2\end{bmatrix}$$

则

$$\boldsymbol{V}=\boldsymbol{P}^{-1}\boldsymbol{A}^{\mathrm{T}}\boldsymbol{K}=\begin{bmatrix}4\\5.2\\-1.4\\1.4\\-5.8\\0.1\\1.3\end{bmatrix}\mathrm{mm}$$

$$\hat{\boldsymbol{h}}=\boldsymbol{h}+\boldsymbol{V}=\begin{bmatrix}10.3600\\15.0052\\20.3586\\14.5024\\4.6452\\5.8561\\10.5013\end{bmatrix}\mathrm{m}$$

(2) 根据题意，此时 $\hat{\Phi}=\boldsymbol{F}^{\mathrm{T}}\hat{\boldsymbol{h}}=\hat{h}_4$，即 $F_4=1, F_1=F_2=F_3=F_5=F_6=F_7=0$

$$\boldsymbol{A}\boldsymbol{P}^{-1}\boldsymbol{F}=[0\quad 0\quad -2\quad 0]^{\mathrm{T}}$$

由

$$\boldsymbol{Nq}+\boldsymbol{AP}^{-1}\boldsymbol{F}=\boldsymbol{0}$$

得

$$\boldsymbol{q}=[-0.0606\quad 0.1212\quad 0.4242\quad 0.0606]^{\mathrm{T}}$$

$$\frac{1}{p_F}=\boldsymbol{F}^{\mathrm{T}}\boldsymbol{P}^{-1}\boldsymbol{F}+(\boldsymbol{AP}^{-1}\boldsymbol{F})^{\mathrm{T}}\boldsymbol{q}=1.1515$$

$$\hat{\sigma}_0=\sqrt{\frac{[pvv]}{n-t}}=\sqrt{\frac{79.6364}{4}}=4.5\ \mathrm{mm}$$

$$\hat{\sigma}_F=\hat{\sigma}_0\sqrt{\frac{1}{p_F}}=4.8\ \mathrm{mm}$$

或直接利用平差值函数的协因素传播律公式，得

$$Q_{\hat{h}_4\hat{h}_4}=\boldsymbol{Q}_{\hat{\Phi}\hat{\Phi}}=\boldsymbol{F}^{\mathrm{T}}\boldsymbol{P}^{-1}\boldsymbol{F}-(\boldsymbol{AP}^{-1}\boldsymbol{F})^{\mathrm{T}}\boldsymbol{N}^{-1}(\boldsymbol{AP}^{-1}\boldsymbol{F})=4.8\ \mathrm{mm}$$

平差后的 C 点与 D 点间高差的中误差为 ± 4.8 mm。

34.(1)解：假定 P_1、P_2 的平差高程为 $\hat{X}_1$、$\hat{X}_2$，由已知得

$$\begin{cases}\hat{X}_1=(H_A+h_1)+\hat{x}_1=\hat{x}_1+11.009\\ \hat{X}_2=(H_B+h_3)+\hat{x}_2=\hat{x}_2+12.525\end{cases}$$

得误差方程为

$$\begin{cases}v_1=\hat{x}_1\\ v_2=-\hat{x}_1+\hat{x}_2-(H_A-H_B+h_1+h_2-h_3)\\ v_3=\hat{x}_2\\ v_4=-\hat{x}_1+\hat{x}_2-(H_A-H_B+h_1-h_3+h_4)\end{cases}$$

代入数据得

$$\begin{cases}v_1=\hat{x}_1\\ v_2=-\hat{x}_1+\hat{x}_2\\ v_3=\hat{x}_2\\ v_4=-\hat{x}_1+\hat{x}_2-4\end{cases}$$

即

$$\boldsymbol{V}=\boldsymbol{B}\hat{\boldsymbol{x}}-\boldsymbol{l}=\begin{bmatrix}1&0\\-1&1\\0&1\\-1&1\end{bmatrix}\begin{bmatrix}\hat{x}_1\\ \hat{x}_2\end{bmatrix}-\begin{bmatrix}0\\0\\0\\4\end{bmatrix}$$

其中，$\boldsymbol{l}$ 的单位为毫米(mm)。

设 $c=6$，由 $p_i=\dfrac{c}{S_i}$ 得

$$\boldsymbol{P}=\begin{bmatrix}3&0&0&0\\0&6&0&0\\0&0&3&0\\0&0&0&4\end{bmatrix}$$

因此有

$$\boldsymbol{N}_{bb}=\boldsymbol{B}^{\mathrm{T}}\boldsymbol{P}\boldsymbol{B}=\begin{bmatrix}13&-10\\-10&13\end{bmatrix}$$

$$\boldsymbol{W}=\boldsymbol{B}^{\mathrm{T}}\boldsymbol{P}\boldsymbol{l}=\begin{bmatrix}-16\\16\end{bmatrix}$$

$$\hat{\boldsymbol{x}}=\boldsymbol{N}_{bb}^{-1}\boldsymbol{W}=\begin{bmatrix}-0.7\\0.7\end{bmatrix}\text{mm}$$

$$\hat{X}_1=11.008\text{ mm},\quad \hat{X}_2=12.526\text{ mm}$$

则

$$\boldsymbol{V}=[-0.7\quad 1.4\quad 0.7\quad -2.6]^{\mathrm{T}}$$

$$\hat{\sigma}_0=\sqrt{\frac{\boldsymbol{V}^{\mathrm{T}}\boldsymbol{P}\boldsymbol{V}}{n-t}}=\sqrt{\frac{41.74}{4-2}}=4.6\text{ mm}$$

未知数的协因数阵为

$$\boldsymbol{Q}_{\hat{X}\hat{X}}=\boldsymbol{N}_{bb}^{-1}=\begin{bmatrix}0.1884&0.1449\\0.1449&0.1884\end{bmatrix}$$

待定点 P_1、P_2 高程平差值的中误差为

$$\hat{\sigma}_{H_{P_1}}=\hat{\sigma}_{\hat{x}_1}=\hat{\sigma}_0\sqrt{Q_{\hat{x}_1\hat{x}_1}}=2.0\text{ mm}$$

$$\hat{\sigma}_{H_{P_2}}=\hat{\sigma}_{\hat{x}_2}=\hat{\sigma}_0\sqrt{Q_{\hat{x}_2\hat{x}_2}}=2.0\text{ mm}$$

(2)

$$\hat{h}_{P_1P_2}=\hat{X}_2-\hat{X}_1=1.518\text{ m}$$

又由

$$\hat{h}_{P_1P_2}=[-1\quad 1]\begin{bmatrix}\hat{X}_1\\\hat{X}_2\end{bmatrix}=\boldsymbol{F}\hat{\boldsymbol{X}}$$

可得

$$\boldsymbol{F}=[-1\quad 1]$$

$$Q_{\hat{h}_{P_1P_2}}=\boldsymbol{F}\boldsymbol{Q}_{\hat{X}\hat{X}}\boldsymbol{F}^{\mathrm{T}}=0.086$$

$$\sigma_{\hat{h}_{P_1P_2}}=\sigma_0\sqrt{Q_{\hat{h}_{PP}}}=1.3\text{ mm}$$

35. 解：设待定点 P 的高程为

$$\hat{X}_1=X_1^0+\hat{x}_1=(H_A+h_1)+\hat{x}_1=\hat{x}_1+7.000$$

由图 7-9 得误差方程为

$$\begin{cases} v_1 = \hat{x}_1 - (H_A + h_1 - X_1^0) \\ v_2 = \hat{x}_1 - (H_B + h_2 - X_1^0) \\ v_3 = \hat{x}_1 - (H_C + h_3 - X_1^0) \\ v_4 = \hat{x}_1 - (H_D + h_4 - X_1^0) \end{cases}$$

代入观测数据，得误差方程

$$\boldsymbol{V} = \boldsymbol{B}\hat{\boldsymbol{x}} - \boldsymbol{l} = \begin{bmatrix} 1 \\ 1 \\ 1 \\ 1 \end{bmatrix} \hat{x}_1 - \begin{bmatrix} 0 \\ 2 \\ -2 \\ 3 \end{bmatrix}$$

其中，$\boldsymbol{l}$ 的单位为毫米(mm)。

设 $c=2$，$p_i = \frac{c}{S_i} = \frac{2}{S_i}$，得

$$\boldsymbol{P} = \begin{bmatrix} 2 & 0 & 0 & 0 \\ 0 & 1 & 0 & 0 \\ 0 & 0 & 1 & 0 \\ 0 & 0 & 0 & 2 \end{bmatrix}$$

$$\boldsymbol{N}_{bb} = \boldsymbol{B}^{\mathrm{T}}\boldsymbol{P}\boldsymbol{B} = [1 \quad 1 \quad 1 \quad 1] \begin{bmatrix} 2 & 0 & 0 & 0 \\ 0 & 1 & 0 & 0 \\ 0 & 0 & 1 & 0 \\ 0 & 0 & 0 & 2 \end{bmatrix} \begin{bmatrix} 1 \\ 1 \\ 1 \\ 1 \end{bmatrix} = 6$$

$$\boldsymbol{W} = \boldsymbol{B}^{\mathrm{T}}\boldsymbol{P}\boldsymbol{l} = [1 \quad 1 \quad 1 \quad 1] \begin{bmatrix} 2 & 0 & 0 & 0 \\ 0 & 1 & 0 & 0 \\ 0 & 0 & 1 & 0 \\ 0 & 0 & 0 & 2 \end{bmatrix} \begin{bmatrix} 0 \\ 2 \\ -2 \\ 3 \end{bmatrix} = 6$$

$$\hat{x}_1 = \boldsymbol{N}^{-1}\boldsymbol{W} = 1 \text{ mm}$$

所以有

$$v_1 = 1 \text{ mm},\ v_2 = -1 \text{ mm},\ v_3 = 3 \text{ mm},\ v_4 = -2 \text{ mm}$$

$$H_P = 7.001 \text{ m}$$

另外，本题也可按加权平均值法计算待定点高程，即

$$\begin{aligned} H_P &= \frac{[p_i H_P^{(i)}]}{[p_i]} \\ &= \frac{p_1 H_P^{(A)} + p_2 H_P^{(B)} + p_3 H_P^{(C)} + p_4 H_P^{(D)}}{p_1 + p_2 + p_3 + p_4} \\ &= \frac{2 \times 7.000 + 1 \times 7.002 + 1 \times 6.998 + 2 \times 7.003}{2+1+1+2} \\ &= 7.001 \text{ m} \end{aligned}$$

此公式见教材第 64 页，即具有结点的水准路线测量平差。

36. 解法一：按角度平差。

由题意知，$n=4$，$t=2$，令

$$\begin{cases}\angle AOB=\hat{X}_1=135°25'20''+\hat{x}_1\\ \angle BOC=\hat{X}_2=90°40'08''+\hat{x}_2\end{cases}$$

则可列出误差方程为

$$\begin{cases}v_1=\hat{x}_1\\ v_2=\hat{x}_2\\ v_3=360-(L_1+\hat{x}_1)-(L_2+\hat{x}_2)-L_3\\ \quad=-x_1-x_2-[L_3-(360-L_1-L_2)]\\ \quad=-x_1-x_2-10\\ v_4=(L_1+\hat{x}_1)+(L_2+\hat{x}_2)-L_4\\ \quad=\hat{x}_1+\hat{x}_2-(L_4-L_1-L_2)\\ \quad=\hat{x}_1+\hat{x}_2-15\end{cases}$$

误差方程用矩阵表示为 $\boldsymbol{V}=\boldsymbol{B}\hat{\boldsymbol{x}}-\boldsymbol{l}$，其中 $\boldsymbol{l}$ 的单位为角秒(″)。

由 $\boldsymbol{P}=\boldsymbol{I}$，可得

$$\boldsymbol{N}_{bb}=\boldsymbol{B}^{\mathrm{T}}\boldsymbol{P}\boldsymbol{B}=\begin{bmatrix}1 & 0 & -1 & 1\\ 0 & 1 & -1 & 1\end{bmatrix}\begin{bmatrix}1 & 0\\ 0 & 1\\ -1 & -1\\ 1 & 1\end{bmatrix}=\begin{bmatrix}3 & 2\\ 2 & 3\end{bmatrix}$$

$$\boldsymbol{W}=\boldsymbol{B}^{\mathrm{T}}\boldsymbol{P}\boldsymbol{l}=\begin{bmatrix}1 & 0 & -1 & 1\\ 0 & 1 & -1 & 1\end{bmatrix}\begin{bmatrix}0\\ 0\\ 10\\ 15\end{bmatrix}=\begin{bmatrix}5\\ 5\end{bmatrix}$$

则法方程为

$$\begin{bmatrix}3 & 2\\ 2 & 3\end{bmatrix}\begin{bmatrix}\hat{x}_1\\ \hat{x}_2\end{bmatrix}=\begin{bmatrix}5\\ 5\end{bmatrix}$$

$$\begin{bmatrix}\hat{x}_1\\ \hat{x}_2\end{bmatrix}=\boldsymbol{N}_{bb}^{-1}\boldsymbol{W}=\begin{bmatrix}1\\ 1\end{bmatrix}('')$$

$$\boldsymbol{V}=[1\quad 1\quad -12\quad -13]^{\mathrm{T}}('')$$

解法二：按方向平差。

由题意得，$n=4$，$t=3$，令

$$\begin{cases}\alpha_{OA}=\hat{X}_1=X_1^0+\hat{x}_1=\hat{x}_1+0°00'00''\\ \alpha_{OB}=\hat{X}_2=\hat{X}_2^0+\hat{x}_2=\hat{x}_2+135°25'20''\\ \alpha_{OC}=\hat{X}_3=X_3^0+\hat{x}_3=\hat{x}_3+226°05'28''\end{cases}$$

则得误差方程为

$$\begin{cases} v_1=(\alpha_{OB}-\alpha_{OA})-L_1=-\hat{x}_1+\hat{x}_2 \\ v_2=(\alpha_{OC}-\alpha_{OB})-L_2=-\hat{x}_2+\hat{x}_3 \\ v_3=(\alpha_{OA}+360-\alpha_{OC})-L_3=\hat{x}_1-\hat{x}_3-10 \\ v_4=(\alpha_{OC}-\alpha_{OA})-L_4=-\hat{x}_1+\hat{x}_3-15 \end{cases}$$

则误差方程用矩阵表示为 $\boldsymbol{V}=\boldsymbol{B}\hat{\boldsymbol{x}}-\boldsymbol{l}$，其中 $\boldsymbol{l}$ 的单位为角秒(″)。

由 $\boldsymbol{P}=\boldsymbol{I}$，可得

$$\boldsymbol{N}_{bb}=\boldsymbol{B}^{\mathrm{T}}\boldsymbol{P}\boldsymbol{B}=\begin{bmatrix} -1 & 0 & 1 & -1 \\ 1 & -1 & 0 & 0 \\ 0 & 1 & -1 & 1 \end{bmatrix}\begin{bmatrix} -1 & 1 & 0 \\ 0 & -1 & 1 \\ 1 & 0 & -1 \\ -1 & 0 & 1 \end{bmatrix}=\begin{bmatrix} 3 & -1 & -2 \\ -1 & 2 & -1 \\ -2 & -1 & 3 \end{bmatrix}$$

$$\boldsymbol{W}=\boldsymbol{B}^{\mathrm{T}}\boldsymbol{P}\boldsymbol{l}=\begin{bmatrix} -5 \\ 0 \\ 5 \end{bmatrix}$$

则

$$\hat{\boldsymbol{x}}=\begin{bmatrix} \hat{x}_1 \\ \hat{x}_2 \\ \hat{x}_3 \end{bmatrix}=\boldsymbol{N}_{bb}^{-1}\boldsymbol{W}=\begin{bmatrix} 0 \\ 0 \\ 2 \end{bmatrix}(″)$$

$$\boldsymbol{V}=[1 \quad 1 \quad -12 \quad -13]^{\mathrm{T}}(″)$$

由此可见，不论是采用角度平差还是方向平差，结果是一样的。

37. 解：由题意知，$n=5$，$t=4$，设 P_1、P_2 的坐标分别为 $(\hat{X}_{P_1},\hat{Y}_{P_1})$、$(\hat{X}_{P_2},\hat{Y}_{P_2})$，取

$$\begin{cases} \hat{X}_{P_1}=X_{P_1}^0+\hat{x}_{P_1}=65\,202.17+\hat{x}_{P_1} \\ \hat{Y}_{P_1}=Y_{P_1}^0+\hat{y}_{P_1}=10\,957.53+\hat{y}_{P_1} \\ \hat{X}_{P_2}=X_{P_2}^0+\hat{x}_{P_2}=65\,482.45+\hat{x}_{P_2} \\ \hat{Y}_{P_2}=Y_{P_2}^0+\hat{y}_{P_2}=12\,156.73+\hat{y}_{P_2} \end{cases}$$

$$S_{P_1P_2}^0=\sqrt{(X_{P_2}^0-X_{P_1}^0)^2+(Y_{P_2}^0-Y_{P_1}^0)^2}=1\,231.518\ \mathrm{m}$$

A、B 为已知点，P_1、P_2 为待定点，可得各观测边长的误差方程为

$$
\left\{
\begin{aligned}
v_{S_1} &= \frac{\Delta X^0_{BP_1}}{S^0_{BP_1}}\hat{x}_{P_1} + \frac{\Delta Y^0_{BP_1}}{S^0_{BP_1}}\hat{y}_{P_1} - (S_1 - S^0_{BP_1}) \\
&= \frac{-1\,063.93}{1\,118.994}\hat{x}_{P_1} + \frac{346.7}{1\,118.994}\hat{y}_{P_1} - (1\,119.06 - 1\,118.994) \\
&= -0.952\hat{x}_{P_1} + 0.310\hat{y}_{P_1} - 0.066 \\
v_{S_2} &= \frac{\Delta X^0_{BP_2}}{S^0_{BP_2}}\hat{x}_{P_2} + \frac{\Delta Y^0_{BP_2}}{S^0_{BP_2}}\hat{y}_{P_2} - (S_2 - S^0_{BP_2}) \\
&= \frac{-783.65}{1\,733.18}\hat{x}_{P_2} + \frac{1\,545.9}{1\,733.18}\hat{y}_{P_2} - (1\,733.15 - 1\,733.18) \\
&= -0.452\hat{x}_{P_2} + 0.892\hat{y}_{P_2} - (-0.030) \\
v_{S_3} &= \frac{\Delta X^0_{AP_1}}{S^0_{AP_1}}\hat{x}_{P_1} + \frac{\Delta Y^0_{AP_1}}{S^0_{AP_1}}\hat{y}_{P_1} - (S_3 - S^0_{AP_1}) \\
&= \frac{-1\,154.73}{1\,207.97}\hat{x}_{P_1} + \frac{-354.67}{1\,207.97}\hat{y}_{P_1} - (1\,208.06 - 1\,207.970) \\
&= -0.956\hat{x}_{P_1} - 0.294\hat{y}_{P_1} - 0.090 \\
v_{S_4} &= \frac{\Delta X^0_{AP_2}}{S^0_{AP_2}}\hat{x}_{P_2} + \frac{\Delta Y^0_{AP_2}}{S^0_{AP_2}}\hat{y}_{P_2} - (S_4 - S^0_{AP_2}) \\
&= \frac{-874.45}{1\,215.687}\hat{x}_{P_2} + \frac{844.53}{1\,215.687}\hat{y}_{P_2} - (1\,215.69 - 1\,215.687) \\
&= -0.719\hat{x}_{P_2} + 0.695\hat{y}_{P_2} - 0.003 \\
v_{S_5} &= -\frac{\Delta X^0_{P_1P_2}}{S^0_{P_1P_2}}\hat{x}_{P_1} - \frac{\Delta Y^0_{P_1P_2}}{S^0_{P_1P_2}}\hat{y}_{P_1} + \frac{\Delta X^0_{P_1P_2}}{S^0_{P_1P_2}}\hat{x}_{P_2} + \frac{\Delta Y^0_{P_1P_2}}{S^0_{P_1P_2}}\hat{y}_{P_2} - (S_5 - S^0_{P_1P_2}) \\
&= -\frac{280.28}{1\,231.518}\hat{x}_{P_1} - \frac{1\,199.2}{1\,231.518}\hat{y}_{P_1} + \frac{280.28}{1\,231.518}\hat{x}_{P_2} + \frac{1\,199.2}{1\,231.518}\hat{y}_{P_2} - \\
&\quad (1\,231.48 - 1\,231.518) \\
&= -0.228\hat{x}_{P_1} - 0.974\hat{y}_{P_1} + 0.228\hat{x}_{P_2} + 0.974\hat{y}_{P_2} - (-0.038)
\end{aligned}
\right.
$$

即

$$
\boldsymbol{V} = \boldsymbol{B}\hat{\boldsymbol{x}} - \boldsymbol{l} = \begin{bmatrix} -0.952 & 0.031 & 0 & 0 \\ 0 & 0 & -0.452 & 0.892 \\ -0.956 & -0.294 & 0 & 0 \\ 0 & 0 & -0.719 & 0.695 \\ -0.228 & -0.974 & 0.228 & 0.974 \end{bmatrix} \begin{bmatrix} \hat{x}_{P_1} \\ \hat{y}_{P_1} \\ \hat{x}_{P_2} \\ \hat{y}_{P_2} \end{bmatrix} - \begin{bmatrix} 0.066 \\ -0.030 \\ 0.090 \\ 0.003 \\ -0.038 \end{bmatrix}
$$

其中，$\boldsymbol{l}$ 的单位为米(m)。

38. 解：由题意知，$n=6$，$t=2$，设 P 的坐标为$(\hat{X}_P, \hat{Y}_P)$，取

$$\begin{cases}\hat{X}_P = X_P^0 + \hat{x}_P = 56\,574.20 + \hat{x}_P \\ \hat{Y}_P = Y_P^0 + \hat{y}_P = 18\,788.28 + \hat{y}_P\end{cases}$$

A、B、C、D 为已知点，P 为待定点，可得各观测角的误差方程为

$$\begin{cases}
v_1 = -\dfrac{\rho''\Delta Y_{BP}^0}{(S_{BP}^0)^2}\hat{x}_P + \dfrac{\rho''\Delta X_{BP}^0}{(S_{BP}^0)^2}\hat{y}_P - (L_1 - L_1^0) \\
\quad = -\dfrac{1\,003.07\rho''}{(4\,152.918)^2}\hat{x}_P + \dfrac{4\,029.96\rho''}{(4\,152.918)^2}\hat{y}_P - (39°40'35'' - 39°40'44.1'') \\
\quad = -11.996\,\hat{x}_P + 48.197\,\hat{y}_P - (-9.1) \\
v_2 = \dfrac{\rho''\Delta Y_{CP}^0}{(S_{CP}^0)^2}\hat{x}_P - \dfrac{\rho''\Delta X_{CP}^0}{(S_{CP}^0)^2}\hat{y}_P - (L_2 - L_2^0) \\
\quad = \dfrac{3\,436.91\rho''}{(3\,587.005)^2}\hat{x}_P - \dfrac{-1\,026.77\rho''}{(3\,587.005)^2}\hat{y}_P - (47°40'03'' - 47°39'53.0'') \\
\quad = 55.097\,\hat{x}_P + 16.460\,\hat{y}_P - 10.0 \\
v_3 = \dfrac{\rho''\Delta Y_{BP}^0}{(S_{BP}^0)^2}\hat{x}_P - \dfrac{\rho''\Delta X_{BP}^0}{(S_{BP}^0)^2}\hat{y}_P - (L_3 - L_3^0) \\
\quad = \dfrac{1\,003.07\rho''}{(4\,152.918)^2}\hat{x}_P - \dfrac{4\,029.96\rho''}{(4\,152.918)^2}\hat{y}_P - (57°54'51'' - 57°54'56.5'') \\
\quad = 11.996\,\hat{x}_P - 48.197\,\hat{y}_P - (-5.5) \\
v_4 = -\dfrac{\rho''\Delta Y_{AP}^0}{(S_{AP}^0)^2}\hat{x}_P + \dfrac{\rho''\Delta X_{AP}^0}{(S_{AP}^0)^2}\hat{y}_P - (L_4 - L_4^0) \\
\quad = -\dfrac{-1\,424.99\rho''}{(3\,535.867)^2}\hat{x}_P + \dfrac{3\,236.01\rho''}{(3\,535.867)^2}\hat{y}_P - (84°20'33'' - 84°20'26.5'') \\
\quad = 23.510\,\hat{x}_P + 53.388\,\hat{y}_P - 6.5 \\
v_5 = -\dfrac{\rho''\Delta Y_{CP}^0}{(S_{CP}^0)^2}\hat{x}_P + \dfrac{\rho''\Delta X_{CP}^0}{(S_{CP}^0)^2}\hat{y}_P - (L_5 - L_5^0) \\
\quad = -\dfrac{3\,436.91\rho''}{(3\,587.005)^2}\hat{x}_P - \dfrac{1\,026.77\rho''}{(3\,587.005)^2}\hat{y}_P - (75°38'59'' - 75°38'57.5'') \\
\quad = -55.097\,\hat{x}_P - 16.460\,\hat{y}_P - 1.5 \\
v_6 = \dfrac{\rho''\Delta Y_{DP}^0}{(S_{DP}^0)^2}\hat{x}_P - \dfrac{\rho''\Delta X_{DP}^0}{(S_{DP}^0)^2}\hat{y}_P - (L_6 - L_6^0) \\
\quad = \dfrac{1\,726.02\rho''}{(4\,242.901)^2}\hat{x}_P - \dfrac{-3\,875.96\rho''}{(4\,242.901)^2}\hat{y}_P - (54°59'21'' - 54°59'17.4'') \\
\quad = 19.776\,\hat{x}_P + 44.410\,\hat{y}_P - 3.6
\end{cases}$$

即

$$\boldsymbol{V} = \boldsymbol{B}\hat{\boldsymbol{x}} - \boldsymbol{l} = \begin{bmatrix} -11.996 & 48.197 \\ 55.097 & 16.460 \\ 11.996 & -48.197 \\ 23.510 & 53.388 \\ -55.097 & -16.460 \\ 19.776 & 44.410 \end{bmatrix}\begin{bmatrix}\hat{x}_P \\ \hat{y}_P\end{bmatrix} - \begin{bmatrix} -9.1 \\ 10.0 \\ -5.5 \\ 6.5 \\ 1.5 \\ 3.6 \end{bmatrix}$$

其中，l 的单位为角秒(″)。

39. 解：在本题中，$n=8$，$t=5$，$r=3$，可列出 3 个条件方程，则平差值条件方程为

$$\begin{cases}(\hat{x}_3-\hat{x}_2)^2+(\hat{y}_3-\hat{y}_2)^2+(\hat{x}_2-\hat{x}_1)^2+(\hat{y}_2-\hat{y}_1)^2-(\hat{x}_3-\hat{x}_1)^2-(\hat{y}_3-\hat{y}_1)^2=0\\(\hat{x}_2-\hat{x}_1)^2+(\hat{y}_2-\hat{y}_1)^2+(\hat{x}_1-\hat{x}_4)^2+(\hat{y}_1-\hat{y}_4)^2-(\hat{x}_2-\hat{x}_4)^2-(\hat{y}_2-\hat{y}_4)^2=0\\(\hat{x}_1-\hat{x}_2)^2+(\hat{y}_1-\hat{y}_2)^2-(\hat{x}_4-\hat{x}_3)^2-(\hat{y}_4-\hat{y}_3)^2=0\end{cases}$$

进行线性化后

$$\begin{cases}2(x_3-x_2)v_{x_1}+2(y_3-y_2)v_{y_1}+2(2x_2-x_1-x_3)v_{x_2}+\\\quad 2(2y_2-y_1-y_3)v_{y_2}+2(x_1-x_2)v_{x_3}+2(y_1-y_2)v_{y_3}+\\\quad (x_2-x_1)^2+(y_2-y_1)^2+(x_3-x_2)^2+(y_3-y_2)^2-\\\quad (x_3-x_1)^2-(y_3-y_1)^2=0\\2(2x_1-x_4-x_2)v_{x_1}+2(2y_1-y_4-y_2)v_{y_1}+2(x_4-x_1)v_{x_2}+\\\quad 2(y_4-y_1)v_{y_2}+2(x_2-x_1)v_{x_4}+2(y_2-y_1)v_{y_4}+\\\quad (x_2-x_1)^2+(y_2-y_1)^2+(x_1-x_4)^2+(y_1-y_4)^2-\\\quad (x_2-x_4)^2-(y_2-y_4)^2=0\\2(x_1-x_2)v_{x_1}+2(y_1-y_2)v_{y_1}-2(x_1-x_2)v_{x_2}-2(y_1-y_2)v_{y_2}+\\\quad 2(x_4-x_3)v_{x_3}+2(y_4-y_3)v_{y_3}-2(x_4-x_3)v_{x_4}-2(y_4-y_3)v_{y_4}+\\\quad (x_1-x_2)^2+(y_1-y_2)^2-(x_4-x_3)^2-(y_4-y_3)^2=0\end{cases}$$

代入相关数据，得改正数条件方程

$$\begin{cases}-13.458v_{x_1}-3.462v_{y_1}+10.53v_{x_2}+18.758v_{y_2}+2.928v_{x_3}-15.296v_{y_3}+6.775=0\\17.658v_{x_1}-12.170v_{y_1}-14.730v_{x_2}-3.126v_{y_2}-2.928v_{x_4}+15.296v_{y_4}-2.343=0\\2.928v_{x_1}-15.296v_{y_1}-2.928v_{x_2}+15.296v_{y_2}+1.656v_{x_3}-14.960v_{y_3}-1.656v_{x_4}+\\\quad 14.960v_{y_4}+3.999=0\end{cases}$$

即

$$\boldsymbol{A}=\begin{bmatrix}-13.458 & -3.462 & 10.530 & 18.758 & 2.928 & -15.296 & 0 & 0\\17.658 & -12.170 & -14.730 & -3.126 & 0 & 0 & -2.928 & 15.296\\2.928 & -15.296 & -2.928 & 15.296 & 1.656 & -14.960 & -1.656 & 14.960\end{bmatrix}$$

$$\boldsymbol{W}=\begin{bmatrix}6.775\\-2.343\\3.999\end{bmatrix}\text{m}$$

可得法方程系数阵为

$$\boldsymbol{N}_{aa}=\boldsymbol{A}\boldsymbol{A}^{\mathrm{T}}=\begin{bmatrix}898.3875 & -409.253 & -37.516\\-409.253 & 929.199 & 466.846\\503.317 & 466.846 & 938.169\end{bmatrix}$$

$$\boldsymbol{N}_{aa}^{-1}=\begin{bmatrix}0.2598 & 0.2460 & -0.2618\\0.2460 & 0.2343 & -0.2485\\-0.2618 & -0.2485 & 0.2652\end{bmatrix}$$

则

$$\boldsymbol{K}=-\boldsymbol{N}_{aa}^{-1}\boldsymbol{W}=\begin{bmatrix}-0.1371\\-0.1235\\0.1307\end{bmatrix}$$

可得

$$\boldsymbol{V}=\boldsymbol{A}^{\mathrm{T}}\boldsymbol{K}=[0.046\quad -0.022\quad 0.006\quad -0.185\quad -0.185\quad 0.141\quad 0.145\quad 0.066]^{\mathrm{T}}\ \mathrm{m}$$

$$\begin{bmatrix}\hat{X}_1\\\hat{Y}_1\\\hat{X}_2\\\hat{Y}_2\\\hat{X}_3\\\hat{Y}_3\\\hat{X}_4\\\hat{Y}_4\end{bmatrix}=\begin{bmatrix}5\,690.551\\4\,817.271\\5\,689.035\\4\,824.756\\5\,682.127\\4\,823.351\\5\,683.285\\4\,815.796\end{bmatrix}\mathrm{m}$$

将坐标平差值当做新的近似值进一步代入，进行 7 次迭代运算，得到最后的平差值为

$$\begin{bmatrix}\hat{X}_1\\\hat{Y}_1\\\hat{X}_2\\\hat{Y}_2\\\hat{X}_3\\\hat{Y}_3\\\hat{X}_4\\\hat{Y}_4\end{bmatrix}=\begin{bmatrix}5\,690.514\\4\,817.217\\5\,689.089\\4\,824.720\\5\,681.987\\4\,823.370\\5\,683.407\\4\,815.867\end{bmatrix}$$

经检验，以上结果满足所有条件方程。

40. 解：参数的协因数为

$$\boldsymbol{Q}_{\hat{X}\hat{X}}=\boldsymbol{N}_{bb}^{-1}=\begin{bmatrix}0.001\,647 & 0.000\,156 & 0.000\,972 & 0.000\,556\\0.000\,156 & 0.002\,483 & 0.000\,644 & 0.000\,770\\0.000\,972 & 0.000\,644 & 0.002\,109 & 0.000\,297\\0.000\,556 & 0.000\,770 & 0.000\,297 & 0.002\,671\end{bmatrix}$$

(1) P_1 点的误差椭圆参数的计算如下。

$$E_{P_1}^2=\frac{1}{2}\sigma_0^2\left(Q_{x_1x_1}+Q_{y_1y_1}+\sqrt{(Q_{x_1x_1}-Q_{y_1y_1})^2+4Q_{x_1y_1}^2}\right)=0.001\,607$$

$$F_{P_1}^2=\frac{1}{2}\sigma_0^2(Q_{x_1x_1}+Q_{y_1y_1}-\sqrt{(Q_{x_1x_1}-Q_{y_1y_1})^2+4Q_{x_1y_1}^2})=0.001\ 036$$

则

$$E_{P_1}=0.040,\quad F_{P_1}=0.032$$

$$\tan 2\varphi_{E_1}=\frac{2Q_{x_1y_1}}{Q_{x_1x_1}-Q_{y_1y_1}}=-0.373\ 206$$

$$\varphi_{E_1}=79°46'$$

(2)P_2 点的误差椭圆参数的计算如下。

同(1)中的算法,得

$$E_{P_2}=0.042,\quad F_{P_2}=0.036$$

$$\tan 2\varphi_{E_2}=\frac{2Q_{x_2y_2}}{Q_{x_2x_2}-Q_{y_2y_2}}=-1.056\ 940$$

$$\varphi_{E_2}=66°42'$$

(3)P_1 与 P_2 点间相对误差椭圆参数的计算如下。

$$Q_{\Delta x\Delta x}=Q_{x_1x_1}+Q_{x_2x_2}-2Q_{x_1x_2}=0.001\ 812$$

$$Q_{\Delta y\Delta y}=Q_{y_1y_1}+Q_{y_2y_2}-2Q_{y_1y_2}=0.003\ 615$$

$$Q_{\Delta x\Delta y}=Q_{x_1y_1}-Q_{x_1y_2}-Q_{x_2y_1}+Q_{x_2y_2}=-0.000\ 747$$

得

$$E_{P_1P_2}^2=0.002\ 486,\quad E_{P_1P_2}=0.050$$

$$F_{P_1P_2}^2=0.000\ 987,\quad F_{P_1P_2}=0.031$$

$$\tan 2\varphi_{P_1P_2}=\frac{2Q_{\Delta x\Delta y}}{Q_{\Delta x\Delta x}-Q_{\Delta y\Delta y}}=0.828\ 619,\quad \varphi_{E_{P_1P_2}}=109°49'$$

参考文献

[1] 高士纯，于正林. 1983. 测量平差基础习题集[M]. 北京：测绘出版社.

[2] 葛永慧. 2007. 测量平差基础[M]. 北京：煤炭工业出版社.

[3] 靳祥升. 2005. 测量平差[M]. 郑州：黄河水利出版社.

[4] 聂俊兵. 2010. 测量平差[M]. 北京：测绘出版社.

[5] 武汉大学测绘学院测量平差学科组. 2003. 误差理论与测量平差基础[M]. 武汉：武汉大学出版社.